"十四五"职业教育部委级规划教材

书籍设计

毕 淼 | 编 著

中国纺织出版社有限公司

内 容 提 要

《书籍设计》是视觉传达设计方向的一门专业必修课。在学习了字体设计、图形设计、编排设计等前导课程的基础上，结合书籍设计的特点，能够将前者进行综合性运用。本教材选取"一本书的设计"作为整个课程的项目载体，将课程内容精选分解成八个能力模块，每一个模块对应一系列的实践任务，每一个实践任务分解成数个知识技能点，形成了以模块化实践任务为骨架，以技能知识点为内容的实践导向结构化课程内容体系。学习了本教材，学生最终能完成一本书的整体创意设计，并养成严谨、细致、规范的职业习惯。

本书图文并茂、由浅入深，适合视觉传达设计方向学生学习使用，也可供书籍设计人员阅读参考。

图书在版编目（CIP）数据

书籍设计 / 毕淼编著 . -- 北京 ：中国纺织出版社有限公司，2021.8（2024.1 重印）

"十四五"职业教育部委级规划教材

ISBN 978-7-5180-8603-0

Ⅰ . ①书… Ⅱ . ①毕… Ⅲ . ①书籍装帧 — 设计 — 职业教育 — 教材 Ⅳ . ① TS881

中国版本图书馆 CIP 数据核字（2021）第 108284 号

责任编辑：张晓芳　　责任校对：江思飞
责任设计：王艳丽　　责任印制：王艳丽

中国纺织出版社有限公司出版发行
地址：北京市朝阳区百子湾东里 A407 号楼　邮政编码：100124
销售电话：010—67004422　传真：010—87155801
http://www.c-textilep.com
中国纺织出版社天猫旗舰店
官方微博 http://weibo.com/2119887771
北京通天印刷有限责任公司印刷　各地新华书店经销
2021 年 8 月第 1 版　2024 年 1 月第 2 次印刷
开本：787×1092　1/16　印张：9
字数：180 千字　定价：69.80 元

凡购本书，如有缺页、倒页、脱页，由本社图书营销中心调换

前言

　　"书"是汇集信息并传达给他人的载体，中国自古常以书的形态来传播知识、记载事件、传递信息。书籍设计是将书籍中所有视觉要素围绕着主题内容传达意念和感受为目的来完成的设计工作。

　　优秀的书籍设计师，需要将情感注入书籍的各个部分，通过对书籍内容的理解，用艺术的表达方式与读者的心灵产生碰撞，从而引起读者对书籍及其内容产生美好的联想。当读者阅读一本书时，在接受文字或图片所传递信息的同时，也在享受着装帧所营造的艺术氛围。同时，设计师需要把握当代书籍设计的语言特征，提高书籍的可视性、可读性、可识性，注重信息的条理性和感观性，掌握信息传达的整体演化，赋予文字、图像、色彩灼热的情感，才能深深地感动、影响读者，让他们体会到一种文字和形色之外的享受与满足，以及书籍设计的秩序美感。

　　本教材选取"一本书的设计"作为整个课程的项目载体，按步骤将课程内容精选分解成八个能力模块，每一个模块对应一系列的实践任务，每一个实践任务分解成数个知识技能点，形成了以模块化实践任务为骨架，以技能知识点为内容的实践导向结构化课程内容体系。学习了本教材，学生最终能完成一本书的整体创意设计，并养成严谨、细致、规范的职业习惯。

　　由于编者水平有限，教材中难免有疏漏和不妥之处，敬请广大读者批评指正。

编著者
2021年3月

目录

项目一
书籍形态设计

文字是附着于载体的，文字与承载材料结合在一起形成的整体，往往被称为"书"。著名的英国设计师安德鲁·哈斯拉姆将书的概念定义为：由经过印刷、装订的一系列纸页构成，跨越时间和空间，保存、宣传、传播知识的可携带的载体。

书籍自古就形成了各种形态，记载着人类文明的进程，书的"形态"是指书籍这种外在物的"构造"与内在的"神态"，书籍形态设计是将书籍的外在美与内在美的结合得到高度的合一，使书籍达到一种形神兼备的状态。

本项目主要包括书籍的起源与发展、书籍的开本、书籍的构造、书籍的整体形态设计这四个任务的学习。

任务1　书籍的起源与发展

最早我们把"书籍设计"这个门类的称为"书籍装帧"。装帧的定义从字面意义上讲，"装"来源于中国卷轴书制作工艺中的"装裱"，说得更具体一些，它来源于中国古代书籍装帧形态的简策装、卷轴装、旋风装、竞折装、裱褙装、线装书中的"装"，有书籍"装潢"之义。"帧"原为画幅的量词。"装帧"二字联在一起，就形成了一个具有特定意义的词语。这一词语最早出现在1928年丰子恺等人为上海《新女性》杂志撰写的文章中，当时引用的是日本词汇，所指就是书籍的封面设计，现在它已经不能概括书籍设计的全部，书籍设计是对书籍整体的设计，贯穿从书稿到印刷成书的全过程。

本任务要求学生了解中国与外国书籍设计从古代到当代的起源与发展。

一、中国书籍设计的起源与发展

中国的书籍设计和出版有着悠久的历史，书籍的装帧形制随着书籍的生产工艺和所用材料的发展变化也不断地演变着。

1. 中国古代书籍设计

（1）刻有甲骨文的龟甲或兽骨

甲骨文可以说是中国最早的文字。公元前16世纪~公元前11世纪的商代，在遇到祭祀、征战、田猎、疾病等无法预知的事情时，先人在龟甲或兽骨上镌刻文字，通过占卜寻求来自上天的启示，这就是甲骨文的由来。当时为了便于保存，先人们将内容相关的几片甲骨用绳串联起来，这就是早期书籍的装帧形式。甲骨文字的排列，直行由上到下，横行则从右至左或从左到右，已颇具篇章布局之美（图1-1）。

图1-1　商代甲骨文

（2）铸有铭文的青铜器

青铜器铭文出现在商代后期，统治者将重要文书铸于青铜器上。特别是到了西周，铭文可以容载较多的文字，西周毛公鼎的铭文（图1-2、图1-3）达五百字。因人们多把古代这种铸在铜器上的铭文看作古代"原始书籍"形式之一，故多数书史家认为，它也是古代书籍装帧的一种形制。

图1-2　青铜器毛公鼎

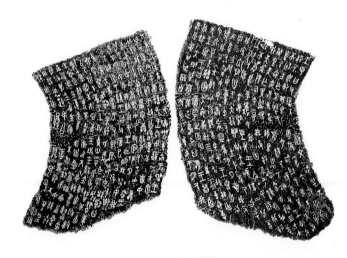

图1-3　毛公鼎铭文拓本

（3）竹简

竹简（图1-4）是纸发明前最具代表性的书籍形制。它可以根据文章的长短，任意确定简数，一简书字一行，最后用上下两道绳编串起来，卷捆后保存，有韦编和丝编两种，考究者用织物缝袋装入。竹简约起源于西周后期，一直沿用到公元4世纪。竹简除以竹制成外，也有用木者，称为木简。与竹简并行的还有木牍，制成长方形木片，用于书写短文（图1-5）。

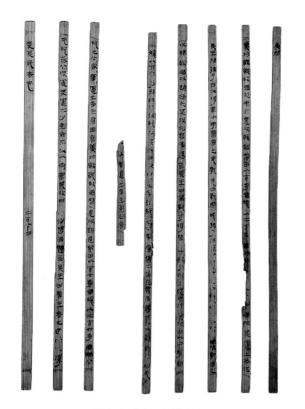

图1-4 《孙子兵法》竹简

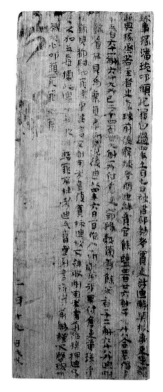

图1-5 《录事掾潘琬》文书木牍

（4）帛书

帛书是略晚于竹简的一种书籍形式，它是将文字书写于丝织品上，其装帧形制是缝边后成卷存放。由于材料昂贵，多为统治者书写公文或作绘画用，一般书籍使用较少。缣帛的使用跨越了从公元前6世纪至公元5世纪的漫长岁月。缣帛质地轻软，便于携带保存。缣帛有许多简牍无法替代的优点，如书写面积大、易于携带、墨迹清晰等，但因其价格昂贵，往往只用于珍贵经典、神圣文书的书写和图画的绘制。图1-6是马王堆帛书，用笔沉着、遒健，给人以含蕴、圆厚之感。它的章法也独具特色，既不同于简书，也不同于石刻，纵有行、横无格，长度非常自由。

（5）石经

石经也是古代书籍的一种形制。最有代表性的是《熹平石经》（图1-7），它开刻于东汉熹平四年（公元175年），将儒家七经刻于四十六块石碑上，总字数二十多万。它立于洛阳太学门前，供人们阅

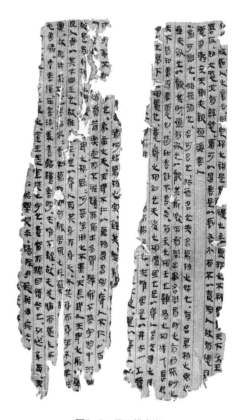

图1-6 马王堆帛书

图1-7 熹平石经

读、传抄和校正，它的功能超过了一般书籍，被称为中国第一部规模庞大的石头书，是中国最早的官定儒家经本。其形制是双面刻字，文字竖向阅读，行列整齐，碑呈"U"字形排列。其他如隋末唐初开刻的房山云居寺佛教石经，虽年代晚于《熹平石经》，但其影响更大，价值亦高。

（6）拓印件

拓印是纸张发明后出现的一种形式。它可以将各种石刻文字复制在纸上，经装裱成卷后便于保存和阅读。后来这种方法又用于青铜铭文的拓印和陶文的拓印。从南北朝到隋代的宫廷藏书中，各种拓印件是一个重要的类别。

（7）卷轴装

纸发明于公元前2世纪，从公元2世纪起，纸才较多地用于书写，使用才更为普遍，成为书籍载体的主要材料。纸质写本书籍的装帧形制有多种变化，最早的写本书籍沿用简策和帛书的形式，即卷轴装。图1-8是《赵城金藏》卷轴装，是金代汉文大藏经，为佛学研究、佛经校勘及中国雕版印刷史提供了丰富的珍贵资料。

图1-8 《赵城金藏》卷轴装

（8）旋风装

唐代初期，在卷轴装的基础上，又出现了一种旋风装。过去，由于只见记载未见实物，因而对旋风装的形制众说不一。宋代张邦基称这种装帧为"逐页翻飞，展卷至末，仍合为一卷"，清代叶德辉称其为"鳞次相积"，也有人认为是将经折装首尾相连即为旋风装（图1-9）。后来发现了唐代写本，是将所写书页逐张依次错开贴于卷轴底纸上，阅读时打开逐页翻阅，读毕仍卷为一轴，其外观与卷轴装相同，从而证明前两种说法是正确的。

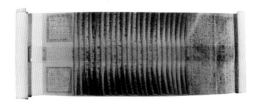

图1-9 《刊谬补缺切韵》旋风装

（9）经折装

经折装（图1-10）起源于南北朝，其形制是依一定的行数左右连续折叠，最后形成长方形的一叠，前、后粘裱厚纸板，作为护封。经折装克服了卷轴装的卷舒不便的问题。

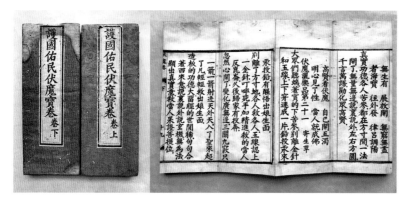

图1-10 《护国佑民伏魔宝卷》
经折装

印刷术发明前，书籍的装帧形制，一般只有上述几种。印刷术发明后，卷轴装、经折装仍在继续使用，但在使用材料、开本的大小、装潢工艺等方面，仍不断有新的发展。随着印刷技术的发展，新的书籍装帧形式也不断出现，先后有蝴蝶装、包背装、线装等。

宋辽金时代的书籍装帧印刷术的发明，标志着书籍的出版进入了新时期。由于生产手段的改变，书籍能够快速地大批量生产，更多的人有了读书的机会。书籍需求量的增加又促进了出版印刷业的繁荣和发展。出版者对书籍的装帧形制越来越重视，从

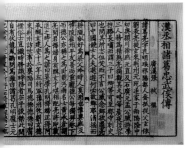

图1-11 《汉丞相诸葛忠武侯传》蝴蝶装

开本的选用、版心的大小、字体和行格、装帧的形式、封皮的用料等，都体现了完整的古代书籍装帧艺术。

（10）蝴蝶装

金代蝴蝶装的应用是书籍装帧形制的一大改革，使书籍从卷轴装、经折装向册页装转变，从而确定了一直沿用至今的书籍基本装帧形制。蝴蝶装（图1-11）是把印好的书页以版心中缝线为轴心，字对字地折叠。以版口一方为准，逐页粘贴，打开书本，版口居中，书页朝左、右边展开。因蝴蝶装的书页是单页，翻阅时易产生无字的背面向人，有字的正面朝里的现象，故阅读不方便是蝴蝶装的缺点。

（11）包背装

元代中期开始，书籍装帧多用包背装。包背装（图1-12）是将书页正折，版心向外，书页左右两边朝向书脊订口处，集数页为叠，排好顺序，以版口处为基准用纸捻穿订固定，天头、地脚、订口处裁齐，形成书背。外粘裱一张比书页略宽略硬的纸作为封面、封底。一般书籍多用厚纸作封皮，宫廷用书则用纸裱以黄绫。包背装较蝴蝶装有很多优点，一是阅读方便，二是书籍更为坚固耐用。这是书籍装帧形式发展的一个重要阶段，包背装更接近于今天书籍的装帧形式。

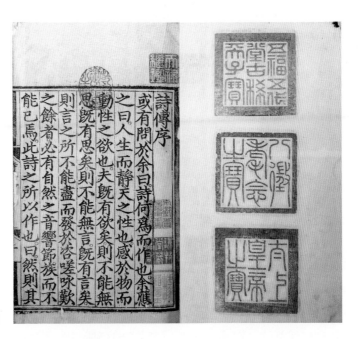

图1-12 《诗传通释》包背装

（12）线装

明代是我国古代出版印刷业最为辉煌的时期，到了明代，北京真正成为全国出版印刷的中心。明代北京的书籍装帧是历代集大成者。书籍的开本大小、开本比例形式多种多样，历代的书籍装帧形式，都有使用，而工艺则更为考究。线装（图1-13）是明代兴起的一种新型书籍装帧形制，也是我国古代最完美的一种书籍装帧形式。线装的装帧形式与包背装近似，书页正折，版心外向，封面、封底各一张，与书背戳齐，打眼钉线。线装书既便于翻阅，又不易散破。明代线装书的封皮，多数为纸面，选用较厚的纸或几层纸绳贴而成。较为考究的书皮，则在厚纸上绲以布、绫、锦、绢等织物，包书角是在书的订口上下两角裁切边处贴以细绢，以使其美观坚固。有的书还有书根，即在书的下切口靠订口处写上书名及卷次，以便阅读时查找。线装的订眼是为了穿线，随书的开本大小和设计要求，有四眼、六眼、八眼不等。订线多用白丝线穿双道，书要压实，线要拉紧。明代孙从添在《藏书纪要》中说："订线用清水白绢线双眼订结，要订得牢揪得深，方能不脱而紧，如此订书乃为善也。"

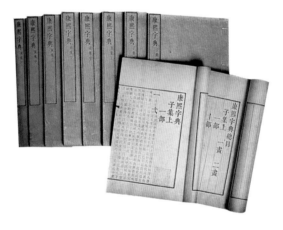

图1-13 《康熙字典》线装

清代最常用的书籍装帧形式是线装，卷轴装、经折装、蝴蝶装和包背装等，也都有使用。卷轴装在清代多用于字画的装裱，其装裱工艺十分精致考究。底面多用上等宣纸，画芯四边裱以素色彩绫，轴外裱以锦缎，轴头用料则分为不同的档次。经折装除用于佛经及字帖外，也用于一般书籍，宫廷印刷的《耕织图》《南巡图》等，刻印十分精良，其装帧采用经折装，所不同的是开本约一尺见方，封皮用厚纸板裱以黄绫。包背装在清代也使用较多，乾隆时期编纂的《四库全书》一套共36315册，为著名的写本，共抄写七部254205册，全为包背装。线装为清代书籍装帧的主要形式，除皇家用书的封面使用材料有特殊要求外，一般的线装书则力求"护帙有道，款式古雅，厚薄得宜，精致端正"四大要素。其封皮有纸面和布面两种。封面多贴书签，书本都较薄，一部书装于函套。清代线装书的前面多留有一两张白页，其后才是扉页，内容有书名、刻印者名及年代、地点等。函套多用半包式，底口多有书根字，写有书名、卷次等。

2. 中国近代书籍设计

"五四"新文化运动促进了中国现代书籍设计的产生，随着铅印技术的推广及现代印刷设备与造纸技术的进步，书籍设计艺术渐渐成熟。从20世纪30年代开始，鲁迅、陶元庆、司徒乔、孙福熙、丰子恺、钱君匋、张光宇、陈子佛等代表近现代中国最高水准的艺术家先后涉足书籍设计领域，并开始革新中国传统的书籍装帧形式，其中的不少人后来成为著名的书籍设计家。图1-14是1928年出版的《东方杂志》封面图片。

图1-14　1928年的《东方杂志》

1949年以后，中国的出版事业飞速发展，印刷技术、工艺的进步，为书籍设计艺术的发展和提高开拓了广阔的前景。中国的书籍装帧艺术开始呈现出多种形式、风格并存的格局。中国书籍设计曾有过一段稳定发展的时期，1959年4月在北京举办了首届全国书籍装帧插图展览会。同年7月31日，在莱比锡国际书籍艺术展览会上，中国共获得金奖10枚，银奖9枚，铜奖5枚。图1-15是20世纪50年代出版的《四世同堂》封面图片。70年代后期书籍装帧艺术得以复苏。进入80年代，改革开放政策极大地推动了装帧艺术的发展，随着现代设计观念、现代科技的积极介入，中国书籍装帧艺术更加趋向个性鲜明，锐意求新的国际设计水准。

中国现代书籍设计起于清末民初，尤其是受到"五四"时期新文化运动的推进以及西方科学技术进步的影响，在鲁迅先生的积极倡导下书籍设计艺术开创了一个新时代。1949年以后，新中国出版事业的飞跃发展和印刷技术、工艺的进步，为书籍装帧艺术的发展和提高开拓了广阔的前景。中国的书籍艺术呈现出多种形式、风格并存的格局。20世纪70年代后期书籍设计得以复苏。进入20世纪80年代，我国改革开放政策极大地推动了书籍艺术的发展，随着现代设计观念、现代科技的积极介入，中国书籍设计则逐步趋向锐意求新的国际设计水准。

图1-15　20世纪50年代的书刊《四世同堂》

3. 中国当代书籍设计

进入21世纪，随着书籍出版业体制的改革，书籍艺术呈现出前所未有的活力。人们意识到书籍艺术本身的含义，它传递的是文化，而不单纯是商品。

近年来书籍设计艺术的巨大变化和进步，可归纳为以下十个方面。

（1）书籍整体设计概念在增强

许多设计师不仅注重封面的外在包装，还在设计中强化了书籍视觉传达语言的叙述，如对图像、文字在书籍版面中的构成设计。

（2）对书卷气息的尊重

设计师在努力适应普通读者的需求，把握现代技术的运用，充分发挥数字化工具的优势，但又不被其所束缚，淡化电脑化的痕迹，追求返璞归真的书卷韵味和文化气质。

（3）引进新观念，开拓设计思路

外来优秀文化的引进，开拓了设计师的思路，开阔了眼界。很多作品都展示出设计师们正在突破旧规则的束缚，求新的设计意识。

（4）中国本土文化审美意识的回归

设计师在吸纳外来文化的同时，也引起设计界对设计泛西方化的反思，大家在这一反思过程中越来越意识到在设计中运用中国视觉元素和文字的重要性。

（5）功能体现美感

设计师在求取书籍艺术赏心悦目的同时，更要重视信息内容的阅读表达，符合阅读规律，设计要为广大读者服务。设计不是盲目地一味添加装饰物，无休止地提高制作成本。

（6）关注物化书籍的纸材工艺之美

纸张的自然之美，从其肌理、触感到承载印刷工艺装帧品质所传达的书籍美感会影响周围文化环境，创造阅读氛围并具有感染力。

（7）科技类、辞书类设计意蕴的展现

设计师在平凡或单纯中挖掘其中的文化内涵意蕴，并注入联想创意，令读者品尝无穷意味，突破了同类书的陈规戒律。从形式到内容，从具象到抽象，从科学性到文学性，都引发读者更深的思考。

（8）插图画家的执着精神

插图是书籍整体的一部分。一大批插图画家仍不忘对插图艺术的追求，他们重视图像的视觉传达功能，正在以执着的创作热情绘制出形式多样的作品。

（9）设计体制多元化推动书籍设计

出版设计队伍明显增添了来自社会的生力军，这是一支非出版社美编组成的书籍设计力量，尤其是年轻设计者的队伍正在逐渐成熟。

（10）观念的更新是中国书籍设计艺术进步的原动力

出版人、编辑对书籍价值中体现内容与设计互补的认知提升了，他们对书籍设计有了想法，或者说有了编辑要求。读者也有了品赏书籍艺术的欲望和需求。这样才能促使设计师们启动他们的原创力，并注入专注于构建书籍艺术的一份心思。

二、外国书籍设计的起源与发展

1. 外国古代书籍设计

外国古代书籍设计最初阶段人们取材于自然界现成的物质材料，如甲骨、石头、甲壳、兽骨、金属、陶瓷、砖瓦等，经加工后刻写文字而成为最原始的书籍形态。当时也出现了纸草书卷、树叶书、泥版书等。后期又出现了蜡书、羊皮书。古埃及人利用尼罗河畔生长的莎草（或纸莎草）稍经制作，用以抄写文字。迄今出土的有约在公元前3000~前2500年埃及、西亚、古希腊、古罗马的纸莎草纸抄本卷的典籍（图1-16）。

图1-16　纸莎草卷

公元前2世纪，小亚细亚帕加马城人开始制造羊皮纸，传入欧洲，大量推广，被用于制作羊皮书（图1-17）。羊皮书的装帧，普通的是外面包皮里面贴布，用两块厚纸板做封皮；厚重的羊皮书背面再加金属饰物使之坚固，有的还加铜扣或锁；华丽的书常以锦、绢、天鹅绒或软皮做封面，以金银链或柔革做束带，书上镶嵌宝石或象牙。小亚细亚的帕加马城发明，比纸莎草纸要薄而且结实得多，能够折叠，并可两面记载。

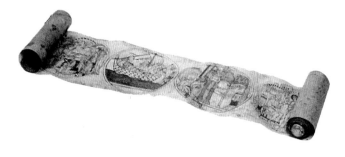

图1-17　羊皮书

13世纪前后，中国造纸术传入欧洲，促进了新的印刷技术的诞生。在德国的美因茨地区，一位名叫古腾堡的人发明了图书制造的革命性技术——金属活字版印刷术。1454年，由古腾堡印制的《四十二行圣经》（图1-18）是第一本因其每页的行数而得名的印刷书籍，堪称活版印刷的里程碑。

2. 外国现代书籍设计

蒸汽机的发明给整个欧洲物质文明带来了革命性的影响。19世纪末20世纪初，"现代美术运动"在西方设计领域的兴起，标志着外国书籍装帧已进入现代装帧阶段。"现代美术运动"将视觉传达设计提到很高的地位。立体派、达达派、超现实主义、至

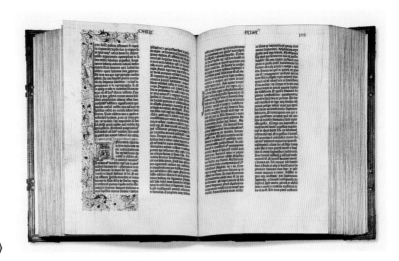

图1-18 《四十二行圣经》

上主义和构成主义的出现，打破了旧的装帧艺术观念和设计法则，设计家们利用各种工艺、材料、形式和手法来表现新的空间、新的概念，使装帧艺术进入了展现多种形式和多种风格的鼎盛时期，致使书籍装帧的商品竞争意识日趋强烈。1919年，格罗皮乌斯创办了德国包豪斯设计学院。在威廉·莫里斯和格罗皮乌斯之间是一个现代艺术形成阶段，莫里斯奠定了现代风格基础，被西方人称为"现代书籍艺术之父"，通过格罗皮乌斯，他的风格最后确立。包豪斯设计学院在此后十年间成为欧洲发挥艺术创造才能最好的中心。在印刷领域中，设计出没有轮廓的投影字字体，以及成为具有包豪斯印刷物特征的黑体活字；还在广告美术领域引进超现实的构成原理，给当时的版面带来了活跃因素。包豪斯设计学院也是手工艺和标准化实验的场所，既是学校，也是工厂。

莫里斯倡导的"手工艺复兴运动"同时也影响着装帧艺术的发展。他亲自办过印刷厂，亲自进行设计艺术工作，并印刷、装订和出版了53种书籍，特别是为《乔叟作品集》（图1-19~图1-21）专刻了乔叟体，为《特洛伊城史》专刻了特洛伊样本和为《戈尔登勤根德》的英文译本专刻了戈尔登印刷字体。其中最著名的戈尔登体是他参照古朴美观的严肃体刻成的，这种字体强调手工艺的特点，十分美观，对印刷活字发展有很大贡献。他设计的封面十分简洁、优雅，运用装饰纹样非常克制，同时认为书籍外表必须与内容具有精神上和艺术上的统一，朴素大方，发挥物质材料特性，讲求工艺技巧，制作严谨，也号召艺术家从事设计工作。这好比一个普通人住屋再度成为建筑师体现设计思想有

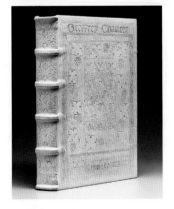

图1-19 《乔叟作品集》（*The Works of Geoffrey Chaucer*）[威廉·莫里斯（William Morris）设计]

图1-20 《乔叟作品集》插图

图1-21 《乔叟作品集》的字体和
纹样

价值的对象，一把椅子或一本书籍再度成为艺术家驰骋想象力的用武之地。

威廉·莫里斯的书籍设计版面编排构图很满，特别是在扉页和每章的首页，缠枝花草图案和精细的插图、首字母的华丽装饰方式，都具有强烈的哥特式复兴特征。威廉·莫里斯设计风格深受中世纪书籍中书法和插画的影响。从《乔叟作品集》里的字体和纹样，可以看出莫里斯从哥特式风格中获取了灵感。

从那时起，包括克利、康定斯基等大师在内的设计师都投身于现代设计，使版面设计和种类丰富起来。由于大师介入书籍艺术，使得书籍艺术受同时代艺术思潮影响，表现主义、未来主义、达达主义、新客观主义，后来在美国盛行的欧普艺术、超现实主义和照相现实主义都在书籍护封和插图中出现，护封设计和插图艺术增添了新的表现形式。19世纪90年代以来，在资本主义商品经济竞争中，护封起到了一定的促销作用，但许多作品并未触及书籍的本质问题，有些广告性强的护封或插图与书籍内容脱离。但最新的观点还是建立在莫里斯倡导的基础上，认为护封与书籍内容在精神实质上和艺术形式上都应是统一的整体。人们对书籍装帧的认识越来越接近本质，书籍装帧艺术的发展也日趋成熟。

3. 外国当代书籍设计

随着科学技术的迅猛发展，今天的书籍装帧设计，再也不像以往那样在铅版上通过收盘式排字机来决定版心的宽度和高度，而是面对荧光屏进行拼版和剪辑，通过计算机的键盘指令，轻松地表达设计者丰富的创造力。在表现设计意图上，计算机无疑已成为设计者必备的高效率工具。自从古腾堡铅字排版时代以来，版心保持了他的版面设计思想。由于欧洲工业革命使工业界许多行业采用了机械生产，从而免除了劳动者筋骨之苦，解放了劳动力。第二次世界大战以后，出现了计算机和自动化装置，从而在一定程度上解决了人工劳动的问题，给书籍装帧设计带来了前所未有的自由空间。商用计算机在1950年就开始出现，直到1960年被图形绘制所采用，最初计算机绘制运用在工业制造行业中的飞机造型设计中，飞机外观空间构造、曲线及内部各功能区的空间构造，这一切数据信息都是根据绘图设计者在计算机中传达出来的。由于计算机的运用，设计者再也不像以前那样必须面对大堆制图工具、大堆草稿纸，花去大量时间去制作图纸，设计者获得了更多进行创意的宝贵时间。1953年，日本殿堂级平面设计杂志

《アイデアidea》诞生，创始之初是一本叫作《广告界》的杂志，《广告界》曾因战争的关系而一度停刊，直至20世纪50年代才开始继续，并改名为《アイデアidea》。杂志主要讲述国际范围内的杰出的视觉传达、平面和字体设计。它通过杂志本身来向读者展示封面设计、用纸、特殊印刷、装帧、夹页，是一本让人享受的平面设计参考书（图1-22）。

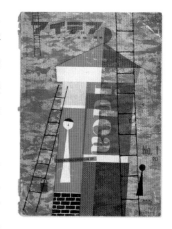

图1-22　日本《アイデアidea》杂志首刊

计算机以势不可挡的潮流渗透到当今社会的各个领域，工业制造、企业管理、电影、音乐制作、绘画等方面无所不在，以至于成为现代文明标志之一。发展中的计算机技术，软件开发不断细致完善，为书籍艺术设计开创了一个新纪元。以前的版面设计几乎是由没有受过艺术训练的排字工来完成的，严格插条控制下的版心尺寸，标准的铅字型号，标准文字字体，正文字体都是一成不变。版心四周留白也不能随意改变，这样的版面是静止的、僵硬的、严格的建筑性的，同时也是稳定的，不会出现什么大的差错。而今天屏幕上的版面设计跟铅字排版不一样，它是运动的、活泼的、随意的。今天，书籍在造型和材质上也有了新的突破。很多实验性书籍设计的出现给了人们一种新的观念和新的视觉享受。虽然大部分作品因制作成本高或制作方法复杂还未能真正付诸实践，但着实让人们体验到了新的审美情趣。

任务2　书籍的开本

书籍的"开本"即书籍的成品尺寸或大小。本任务要求学生掌握书籍开本的概念，牢记常用开本的尺寸，熟悉常用纸张的开法与开本，了解确定书籍开本大小需要考虑的因素等内容。

一、开本的概念

一张按国家标准分切好的平版原纸被称为全开纸。在不浪费纸张、便于印刷和装订生产的前提下，把全开纸裁切成面积相等的若干小张，这个张数为开本数。开本的绝对值越大，开本实际尺寸越小。如16开本即为全张纸开切成16张同等大小的开本，以此类推。开本设计是指书籍开数幅面形态的设计。

就一本书的正文而言，开数与开本的含义相同，但以其封面和插页用纸的开数来说，因其面积不同，其含义也不同。通常将单页出版物的大小称为开张，如报纸、挂图等分为全张、对开、四开和八开等。

由于国际国内的纸张幅面有几个不同系列，因此虽然它们都被分切成同一开数，但其规格大小却并不一样。尽管装订成书后它们都统称为多少开本，但书的尺寸却不同。如目前16开本的尺寸有：188mm×265mm、210mm×297mm等。在实际生产中，通常将幅面为787mm×1092mm或31英寸×43英寸的全张纸称为正度纸；将幅面为889mm×1194mm或35英寸×47英寸的全张纸称为大度纸。由于787mm×1092mm纸张的开本是我国自行定义的，与国际标准并不一致，因此是一种需要逐步淘汰的非标准开本。由于国内造纸设备、纸张及已有纸型等诸多原因，新旧标准尚需一个过渡阶段。目前常用裁切规格尺寸，大度为：大16开本210mm×297mm、大32开本148mm×210mm和大64开本105mm×148mm；正度为：16开本188mm×265mm、32开本130mm×184mm、64开本92mm×126mm。常用书籍开本尺寸见表1-1。

表 1-1　常用书籍开本尺寸　　　　　　　　　　单位：mm

纸张规格 ＼ 开本	全开纸	对开	4开	8开	16开	32开
大度	889×1194	860×580	420×580	420×285	210×285	210×140
正度	787×1092	760×520	370×520	370×260	185×260	185×130

二、常用纸张的开法与开本

书籍适用的开本多种多样，有的需要大开本，有的需要小开本，有的需要长方形开本，有的则需要正方形开本。这些不同的要求只能从纸张的开切方法上予以满足。纸张的开切方法大致可分为几何级数开切法（图1-23）、非几何级数开切法和特殊开切法。

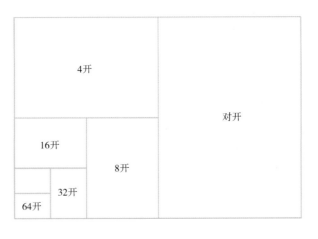

图1-23　纸张开切方法示意图

1.几何级数开切法

最常见的几何级数开切法，是以2、4、8、16、32、64、128……的几何级数来开切的，这是一种合理的、规范的开切方法，纸张利用率高，能用机器折页，印刷和装订都很方便。

2.非几何级数开切法

每次开切法不是上一次开切法的几何级数，工艺上只能用全张纸印刷机印制，在折页和装订上有一定局限性。

3.特殊开切法

不能被全开纸张或对开纸张开切尽（留下剩余纸边）的开本被称为畸形开本。例如，787mm×1092mm的全开纸张开出的10、12、18、20、24、25、28、40、42、48、50、56等开本都不能将全开纸张开切尽，这类开本的书籍都被称为畸形开本书籍。图1-24所示是典型的异形开本书籍设计。

图1-24　畸形、异形开本书籍设计

三、确定书籍开本大小需要考虑的因素

书籍开本的设计要根据书籍的不同类型、内容、性质来决定。不同的开本会带来不同的审美情趣，不少书籍因为开本选择得当，使形态上的创新与图书的内容相得益彰，受到读者的欢迎。开本设计是进行书籍设计的第一步，是书刊装帧设计者首先考虑的问题，设计师要根据书刊的用途和性质，选择设计合适的开本。

选择开本的大小，要考虑以下因素：

①书刊的性质和专门用途以及图表和公式的繁简和大小等。

②文字的结构和编排体裁以及篇幅的多少。

③使用材料的合理程度。

④整套丛书开本形式统一。

经典著作、理论类书籍、学术类书籍，一般多选用32开或大32开，此开本庄重、大方，适于案头翻阅。科技类图书及大学大专教材因容量较大，文字、图表多，适合选用16开。中小学生教材及通俗读物以32开本为宜，便于携带、存放。儿童读物多采用小开本，如24开、64开，小巧玲珑，但目前也有不少少儿读物，特别是绘本读物选用16开，甚至是大16开，图文并茂，倒也不失为一种适用的开本。大型画集、摄影画册，有6开、8开、12开、大16开等，小型画册宜用24开、40开等。期刊一般采用16开本和大16开本。大16开本是国际上通用的开本。

开本形式的多样化是大势所趋，但需要强调的是，开本的设计要符合书籍的内容和读者的需要，不能为设计而设计、为出新而出新。书籍设计要体现设计者和图书本身的个性，只有贴近内容的设计才有表现力。脱离了书的自身，设计也就失去了意义。设计开本要考虑成本、读者、市场等多方面因素。美编和设计师不能把自己完全当作艺术家，把书籍装帧当成个人作品，应该说图书也是一种商品，不能超越这个规律，书籍设计必须符合读者和市场的需要。

任务3　书籍的构造

书籍的构造包含书籍的外部构造和内部构造。本任务要求学生掌握书籍立体外部结构和页面内部结构中的所有构成要素，为书籍的整体设计做好准备。

一、书籍的外部构造

书籍的外部构造，是指书籍页面之外的立体形态的构成要素（图1-25）。一般包括：书函、护封、腰封、封面、封底、书脊、书芯、堵头布、书签带、订口、切口、勒口、飘口、环衬等。每个构成要素既是可以精心设计的精致细节，又是书籍整体的一部分，它们既有各自的功能性，又别具匠心具有装饰性，因此是书籍设计的重要组成部分。

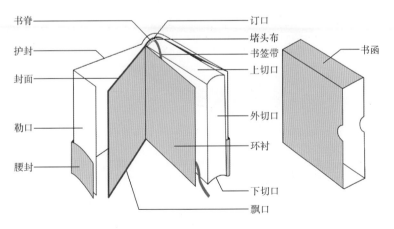

图1-25　书籍的外部构造

1. 书函

书函又称书套、书衣。包装书册的盒子、壳子或书夹均统称为书函（图1-26）。书函具有保护书册、增加艺术感的作用，一般用木板、纸板和各种色织物黏合制成。

图1-26 《怀袖雅物》书函设计（设计师：吕敬人）

2. 护封

护封又称封套、包封、外包封、护书纸、护封纸，是包在书籍封面外的另一张外封面，有保护封面和装饰的作用，既能增强书籍的艺术感，又能使书籍免受污损。护封一般采用高质量的纸张，印有书名和装饰性的图形，有勒口，多用于精装书；也有用250克或300克卡纸做内衬，外加护封，称作"软精装"（图1-27）。

3. 腰封

腰封又称书腰纸，是指围绕在书籍封面外的条形或环形纸张，是书籍封面的附加形式，起装饰和约束书籍的作用（图1-28）。腰封上可印与该图书相关的宣传、推介性文字。

图1-27 《记录：维也纳设计论坛》（ Dokument Design Forum Wien ）护封设计 [设计师：亚历山大·艾格（ Alexander Eggen ）]

4. 封面、封底

封面也称书面、书衣、封皮、封一、前封面，一般指裹在书芯外面一页的表层，封面通常印有书名、副书名、作者名和出版社名等。对书籍来说，包括封一、书脊和封四（封底），杂志则还包括封二和封三，封底则印有出版机构的书籍条形码、书号、定价等（图1-29）。

图1-28 《VJ运动图书》（ Book VJ Movement ）腰封设计（ Trapped in Suburbia 设计工作室设计 ）

图1-29 《王国》（ Kingdom ）封面设计 [设计师：赖斯扎得·别内尔特（ Ryszard Bienert ）]

5. 书脊

书脊又称封脊，是书的脊部，连接书的封面和封底，是书籍成为立体形态的关键部位。通常有三个印张以上的书，可在

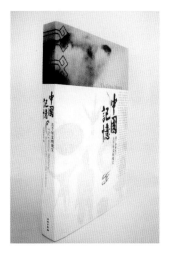

图1-30 《中国记忆：五千年文明瑰宝》书脊设计（设计师：吕敬人）

书脊上印有书名、册次（卷、集）、著译者、出版者，以便于读者在书架上查找。厚本书籍书脊可以进行更多的装饰设计。精装本的书脊还可采用烫金、压痕、丝网印刷等诸多工艺来处理（图1-30）。

6. 书芯

书芯指锁线装订而成的配好的书页。精装书芯为增加牢度，后背粘有纱布、无纺布或合成材料等做成的书背布。

7. 堵头布

堵头布也称花头布、堵布等，是一种经加工制成的带有线棱的布条，用来粘贴在精装书芯书背上下两端，即堵住书背两端的布头。

8. 书签带

精装书中一头粘在书芯后背，一头放在书页中，起到翻阅间歇的记号作用的丝带，功能类似书签。

9. 订口

订口指书籍装订处到版心之间的空白部分。订口的装订可分为串线订、三眼订、缝纫订、骑马订、无线粘胶装订等。

10. 切口

切口指书籍除订口外的其余三面切光的部位，分为上切口（书顶）、下切口（书根）、外切口（书口）（图1-31）。直排版的书籍订口多在书的右侧，横排版的书籍订口则在书的左侧。

11. 勒口

勒口又称折口，指平装书的封面和封底或精装书护封的切口处多留5~10cm的空白纸张，并沿书口向里折叠的部分。勒口上有时印有内容提要或书籍介绍、作者简介等。

12. 飘口

精装书或软精装书的外壳要比书芯的三面切口各多出3mm，用来保护书芯，这个多出部分叫飘口。

13. 环衬

环衬又叫环衬页，是封面后、封底前的空白页，也有选用特

图1-31 《女王口味烹饪》（*Test Cooking for the Queen*）切口设计［设计师：英格博格·舍费斯（Ingeborg Scheffers）］

种纸作为环衬。连接封面和扉页间的称"前环衬"或"上环衬"，连接正文与封底间的称"后环衬"或"下环衬"。它们起到由封面到扉页、由正文到封底的过渡作用，是书籍的序幕与尾声。环衬是精装本和串线订中不可或缺的部分，有一定厚度的平装本书籍也应考虑采用环衬，因为它能使封面翻平不起皱折，保持封面的平整。设计者可根据书籍内容的需要对环衬进行装饰设计。

二、书籍的内部构造

书籍的内部构造，是指书籍内页中的各构成要素（图1-32）。一般包括：扉页、目录、篇章页、正文、版式、版心、天头、地脚、书眉、中缝、页码、插页、插图、版权页等。书籍的内部结构设计就是对书籍内页中各要素的安排布局。

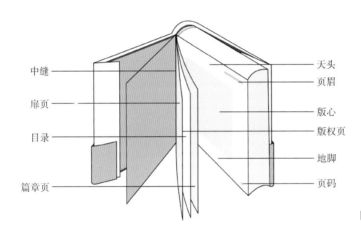

图1-32　书籍的内部构造

1. 扉页

扉页也称内封、副封面，即封面或环衬页后面的一页。扉页上印的文字一般与封面相同，但刊印的书名、著（译）者名、出版单位的名称更为详尽，有的印成彩色或加装饰性图形。扉页的背面多用来刊印内容提要、版权记录、图书CIP数据等。扉页有装饰和保护的作用，即使封面损坏了，正文内容也不致受损（图1-33）。

2. 目录

目录是全书内容的纲领。它显示出书籍结构层次的先后。设计要求条理清楚，能够有助于迅速了解全书的层次内容。目录一般放在扉页或前言的后面，也有放在正文之后。目录的字体字号

图1-33　《植物先生》扉页设计（设计师：许天琪）

一般与正文相同，大的章节标题字号可适当大一些。保守的编排总是前面是目录，后面是页码，中间用虚线连接，排列整齐。目录编排形式很多，或左齐、或右齐、或居中、或左右，或加上线条作为分割。目录作为一本书籍的版面，要根据书籍整体设计的设想统一在一个整体中，在统一中求得变化，目标只有一个，增强图书审美性，提高视觉传达的识别性（图1-34）。

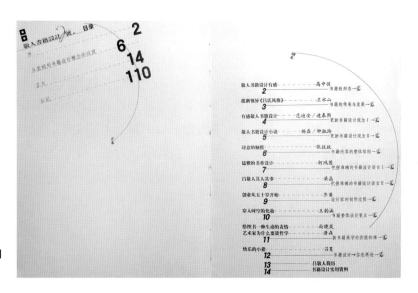

图1-34 《敬人书籍设计2号》目录设计（设计师：吕敬人）

3. 篇章页

篇章页又叫辑页、中扉页、隔页，是一种总结性的概括页面，包括了文章的序数或篇章名称等相关信息（图1-35）。篇章页可用单页有颜色的纸张隔开，排列在各部分的首页位置，可进行装饰性点缀，背面是白页，一般用暗码计。

图1-35 《诗经》篇章页\设计（设计师：刘晓翔）

4. 正文

普通书籍正文排版一般采用五号字（即15K，10.5P），理论、科技、教育类图书及小说、期刊多用宋体，某些文艺类书籍用仿宋体，低幼读物、小学课本一般用大于四号字的楷体，字典、工具书文字容量大，则用较小的新五号、六号宋体等。文字与文字之间的字空与行空是设计者特别留意之处，要兼顾方便阅读和合理利用纸张空间。

5. 版式、版心

版式是书籍排版的格式，指版面的文字排版（直排或横排）、书眉、页码、行距、标题、字体、字号、插图等部位的规格和配合。版心亦称版口、书口。一类指图书每一版面上的文字、图画部分，容纳章节标题、文字、图表、公式以及附录、索引等全书的组成部分；另一类指线装书书页正中的折页部位，一般印有书名、卷数、页码等。版心在版面上所占幅面的大小，对版式的美观起很大的作用。不同开本的版心规格各不相同，设计者可根据书籍内容及容量来确定版心规格（图1-36）。

图1-36 《恋人版中英词典》版面设计（设计师：赵清 周伟伟）

6. 天头、地脚

天头、地脚即版心上下的空白处，上面的叫天头，下面的叫地脚。中国古装本书、线装书的天头空白大于地脚，而西式书籍通常上下相等或地脚空白大于天头。

7. 书眉、中缝

印在版心以外空白处的书名、篇名，横排页印在天头靠近版心的叫书眉，直排页多印在版心外切口上端的叫中缝。通常是单页码排章题，双页码排篇题，如无章题，则单页码排篇题，双页码排书刊名。为了便于检索，字典、词典、手册等工具书的书眉大多排有部首、笔画、字头甚至字母等。杂志的书眉上还印有刊名、卷号、期号和出版年月等。书眉设计既要有视觉上的美感，又要与书籍的整体风格相吻合。

8. 页码

页码也称面码，是书页顺序的标记，用以统计书籍的页数，便于读者查检，印装时也可避免书页前后颠倒，发生差错。书中奇数码称单页码，偶数码称双页码，单页码在书面的正面，双页码在书页的背面。页码习惯使用阿拉伯数字，排在版心外方上、下角，或版心上、下方居中。直排书页码多使用汉字。

9. 插页、插图

插页指穿插在正文中又和正文文字不相连贯的单独的书页，内容多是与正文有关的艺术插图、地图、表格等。在正文前，有时有作者的照片、手迹，以及作者或名人的题字等，也属于插页。插页一般不计页码。

插图是书籍的组成部分，对正文内容起点缀、补充说明等作用的图像版面。插图随正文编排，图文配合，增加书籍的可读性，用图像直观地向读者说明文字内容。根据内容有艺术性插图和技术性插图两种。

10. 版权页

版权页也称版本记录页。它是每本书诞生的历史性记录，记载着书名，著（译）者，出版、制版、印刷、发行单位，开本，印张，版次，出版日期，插图幅数，字数，累计印数，书号，定价等内容。

任务4 书籍整体形态设计

书籍设计是将平面的语言空间化、立体化、时间化、物语化、行为化、精神化的信息传达，其主要脉络是逻辑分析与诗意表现。书籍整体形态设计是对书籍外部装帧和内文版式的全面、统一的设计，是在整体的艺术观念指导下对组成书籍的所有形象元素进行完整、协调、统一的设计。

本任务要求学生了解书籍的形态、书籍的五感和书籍设计的基本原则，掌握书籍的整体设计内容及步骤。

一、书籍的形态

书籍的形态，固有观念是书籍的外观——六面体的盛纳知识的容器。而造型与神态的珠联璧合才能使书籍产生形神兼备的艺术面貌。书籍设计是一种"构造学"，是关于营造书籍外在造型的物性构造和内在信息传递的理性思考的综合学问。在对内容进行准确的阅读、理解、整理后，设计师需进行一系列有条理、有秩序的立体思考行为，来构建出设计者心中的"构筑物"。

想要产生一本形神兼备、具有生命力和保存价值的书籍，就要兼顾书籍的外在构成和内在构成。书籍的外在构成是书的物性结构，表达直观造型的静态之美，而书籍的内在构成是书籍的理性结构，表达内容活性化的流动之美，两者完美融合才能形成书籍整体之美。

书籍是动静相融、兼具时间与空间的艺术。当我们阅读书籍时，捧在手里的是实实在在的立体物，随着书页的一页页翻动，此间产生了时间的流动。从封面到书脊再到封底，从环衬到扉页再到内文，在读者视线的注视下，书不断变换着时空关系。书籍版面中文字、图像、色彩、空间等视觉元素的分布，它们的繁与简、详与略的关系，随着视线的推移，同样会产生时光的流动，也蕴含着时间与空间概念。

二、书籍的五感

完美的书籍形态具有诱导读者视觉、触觉、嗅觉、听觉、味觉的功能（图1-37）。

在书籍设计的过程中，人们也会通过书来进行五感体验。日本书籍装帧艺术家杉浦康平提出书籍的"五感说"，突破了书籍

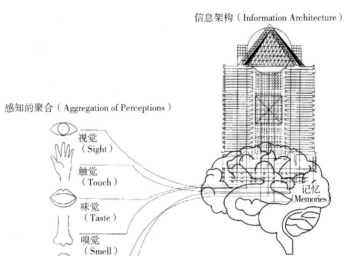

信息架构（Information Architecture）

感知的聚合（Aggregation of Perceptions）

视觉
（Sight）

触觉
（Touch）

味觉
（Taste）

嗅觉
（Smell）

听觉
（Sound）

记忆
（Memories）

其他感觉（Other Senses）

图1-37　人的感知的聚合

装帧审美仅来自视觉的局限，从理论角度探讨了书籍装帧的多元美感问题。在五感中，人们往往最重视视觉感受，也许因为视觉是最直观的、传达性最强的，可是通过视觉传达信息依旧有局限性，单纯的视觉传达造成的纯平面反应脱离了人的其他感知方式，极易产生一种"疏远"的感觉。

整个读书过程，视觉是最直接、最重要的感受；通过手的触摸，材料的硬挺、柔软、粗糙、细腻，都会唤起读者一种触觉的新鲜感；打开书的同时，纸的气息，墨的气味，随着翻动的书页不断刺激着读者的嗅觉；厚厚的辞典会发出啪嗒啪嗒的响声，柔软的线装书发出的好似积雪沙啦沙啦静静的微弱的声音，如同听到一首演奏美妙的乐曲；随着眼视、手触、鼻嗅、耳听、心读，犹如品尝一道美味菜肴，常常使读者分泌唾液，一本好的书也会触发读者的味觉，即品味书中韵味（图1-38）。这五种感觉的综

**图1-38　《朱熹千字文》整体设计
（设计师：吕敬人）**

合作用，使读者完成了阅读的心灵体验，形成了对书籍的总体印象，因此，可以说五感是书籍设计思考的起始点。

三、书籍设计的基本原则

对于书籍设计，设计者要把握好以下四个基本原则（"四性"）。

1. 主题性

书籍设计离不开书籍的内容。要体现书籍的主题思想，书籍设计应以特有的艺术语言和设计规律来表现书籍的精神内涵，把设计者的意念转化、上升为书籍的形象，以充分体现设计者的设计思想（图1-39）。

图1-39 《梅兰芳藏戏曲史料图画集》整体设计（设计师：张志伟）

2. 艺术性

书籍设计是融绘画、摄影、书法、篆刻等艺术门类为一体的综合产物，它涉及范围广泛。为了表现书籍的主题思想与精神内涵，设计者要多角度地使用与其相适应的艺术形式及表现手法，尽可能使其成为有独特创意的艺术形象（图1-40）。

3. 装饰性

书籍设计是通过图形、色彩、字体来揭示书籍的内容，概括、提炼书的基本精神，用独特的图形视觉形象吸引读者，帮助读者加深对书籍内容的理解，并使读者获得美的享受。

图1-40 《中国记忆：五千年文明瑰宝》整体设计（设计师：吕敬人）

4. 新颖性

设计者既要继承传统，又要有发展开拓的意识，吸收国内外新的设计观念，运用现代工艺和现代科技手段，设计出既新颖又独具特色的艺术形象（图1-41）。设计要追求个性、追求民族的艺术风格，培养艺术生命力，只有运用本民族的艺术形式反映民

图1-41 《5000×50×500》整体设计（设计师：韩家英）

族的生活，才能更为广大人民群众所接受和理解。

作品的鲜明风格是设计成功的标志，也是设计者们追求的目标。要贯彻艺术风格的多样化，以满足广大人民群众日益增长的多方位的审美需求，丰富人们的文化生活。因此，创造具有鲜明时代特色的民族风格是我们所提倡的。

四、书籍的整体设计

1. 概述

德国著名的书籍艺术家、教育家阿·卡伯尔说："书籍各部分应有统一的美学构思。设计的各元素，如字体、插图、印刷、油墨、封面和护封，必须相互协调。"他又说："这样的设计可以认为是书籍艺术。无论是文学作品还是科学技术书籍、美术画册或者教科书，起决定作用的总是高超的艺术质量。"书籍只有通过整体设计，才能达到阿·卡伯尔所说的书籍艺术的水准。在我们身边能看到一些毫无美感的"视觉垃圾——印刷品"，这是割裂看待书籍艺术内涵的结果，这种结果有愧于中华民族的悠久文化，且与"书籍艺术的意义在于它体现了一个国家高度的文化水准和现代化科学技术水平的目标背道而驰。

整体设计是书籍设计的灵魂，只有当书籍设计有一个总的布局构想，才能使书籍的各种构成因素和谐统一，共存于书籍这个统一体中。优秀的书籍整体设计是设计者配合作者、文字编辑，领会原著的思想、艺术风格、民族特色、时代精神，并将其与读者的情趣有机地融合起来，处理好文字、图形、色彩、材料四个要素，并用整体的设计形式、设计手法，以及设计语言形象生动地展现出来（图1-42）。

一本书的成功，包含了作者的智慧，也体现了设计师的灵感和才华。这种完美的结合塑造了优秀书籍的外表和"心灵"。设计师要具备的不仅是单纯表现形式的能力，更要有统领全局、把握书籍整体风格的气度，全面地构思整本书，包括怎样从内容出发而更好地表达内容，怎样把文字中的精神转变成可视可感的具体元素呈现在读者面前，怎样安排设计过程，怎样和编辑共同完成整本书的编辑和成书工作，怎样把整体的思路贯穿每个细节，以及印刷、装订之后应该有怎样的效果等（图1-43）。

图1-42 《荒漠生物土壤结皮生态与水文学研究》整体设计（设计师：刘晓翔）

图1-43 《弗罗斯特的书》（*Frost Books*）整体设计［设计师：意大利戴维德·莫特斯（Davide Mottes）］

2. 书籍整体设计的内容和步骤

首先，书籍的整体设计是对书籍外部装帧和内文版式的全面、统一的设计，是在整体的艺术观念指导下对组成书籍的所有形象元素进行完整、协调、统一的设计。这就要求书籍设计者对书籍由内而外的全部元素进行综合、全面地协调布局。这一过程，是设计师将创意和思考转变为视觉元素的第一步。在书籍设计中，文字、图形、色彩和材料四大元素是设计师手中的棋子，而开本、封面、护封、书脊、版式、勒口、环衬、扉页、插图、封底、版权页、书函等书籍构成元素是他们布局的棋盘，而设计则是全盘谋划的战略。把每种元素都看作是整体中的一部分，整体的风格鲜明、统一是一本书设计成功的首要标准（图1-44）。

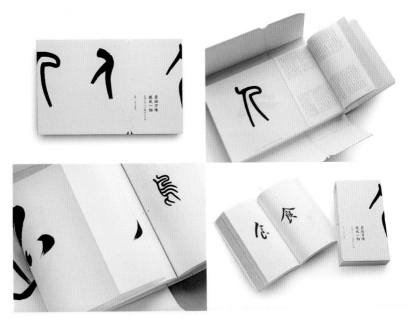

图1-44 《囊括万殊　裁成一相：中国汉字六体书艺术》整体设计（设计师：刘晓翔）

其次，除了完善书籍整体的设计稿，设计师在印前、印中、后道工艺这些环节应该把好关，做到心中有数，把遗憾降到最低程度。其中，在印前制作的环节，设计师应该严格把握色彩校对，确保最初设想的实现；在印刷过程中，设计师应该及时在现场察看和监督，避免损失；后道工艺尤其是装订，如果是畸形开本或有特殊效果的，设计师更应随时察看工作进度，保证装订质量。

最后，设计师在书籍的销售环节还应做好宣传品的设计制作，如书籍海报、销售展示等。这样才真正体现了书籍设计工作的整体性。

思考与练习

1. 全开大度纸和正度纸的尺寸分别是多少？大度16开和正度16开的尺寸是多少？

2. 书籍的外部构造和内部构造都包含哪些内容？

3. 自命题创作概念书一本，构思书籍的整体设计并绘制草图。

项目二
书籍封面设计

书籍的封面就是书籍的"面子"，目的在于吸引人们看到并翻开这本书。一本书，首先被接触的就是封面，封面不仅要传达出书籍的主题、作者等基本信息，还体现着整本书的格调和品位。读者无论是从远处偶尔一瞥，还是在书架上仔细搜寻，或是捧在手中赏读，都往往从封面开始，这就要求设计者要格外注重封面的创意和设计。

本项目主要针对封面中的文字、图形和色彩这三个任务进行学习，从而能够完成一本书完整的封面设计。

任务1 封面中的文字

本任务要求学生掌握封面上需要出现的文字内容、封面书名字体的设计、封面中字体的编排等内容。

一、封面文字内容

书籍封面的文字通常有书名、副书名、作者名和出版社名等。除少数图书的书名，如诗词、文艺书籍的书名外，绝大部分书名就是该书的主题词。书名通常传递了图书主题的信息；副书名可以提高书名的专指度；作者名字以及置于勒口的作者简介为读者提供了有关作者的信息，读者据此可进行选择和比较；出版社通常分为综合出版社和专业出版社，读者可从出版社名所提供的信息来鉴别其可提供图书内容的种类、层次和专业特色等；有的书籍封面上还有图书内容宣传语，这些文字所传递的信息更便于读者准确、快捷地进行鉴别和选择。

书脊上必须有书名（包括丛书名、副书名）、出版社名，以方便读者在书架上检索查阅。

出版物的封底上要有出版机构的书籍条形码、书号、定价等。

二、封面字体设计

1. 封面字体选择的原则

封面字体选择的原则就是字体风格与整体版面的风格及主题内容相一致。设计师要根据书籍整体设计的内容与要求来确定。不同的字体有不同的特征和不同的视觉传达效果。

宋体字形方正，横平竖直，横细竖粗，棱角分明，适用于书刊正文排版；仿宋体有宋体结构，楷书笔法，粗细一致，清秀挺拔，多用于诗歌的排版；黑体字形端庄，横平竖直，笔画等粗，均匀醒目，多用于书刊中的书名、标题排版；楷书的笔画结构稳定，柔和匀称，美观大方，一般用于标题字、小学课本及婴幼儿读物。设计者要认真研究字体形态，以便能正确使用，配合书籍整体设计的需要。

2. 书名的字体设计

封面由书名、构图和色彩关系等诸多元素构成。书名在封面设计中的地位最重要，要作为第一个元素来加以考虑。用色和构图，都应服务于书名，有利于突出书名，书名不能被封面的色彩和图像所淹没（图2-1）。书名一般要求在一米左右距离能清晰可见。虽然有些封面与人们视觉发生联系的一瞬间并不是由书名引起的，而是封面的构图形象和色彩，但人们往往在瞬间将目光自然而然地移向书名的位置。书名的字体要符合书稿性质，这是书名字体设计的基本要求。脱离书稿性质和读者对象的随意性的书名字体设计，将影响书籍的格调，有损图书的整体形象。

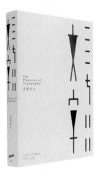

图2-1 日本著名设计师高桥善丸的封面书名设计

与印刷体和照排体相比，手写体和艺术体更富有个性特征。设计者为了强调图书的特性，常用手写体和艺术体来设计书名

（图2-2）。手写体和艺术体所显现的不同气质是任何一种印刷体和照排体替代不了的。设计出多姿多彩的艺术字体排印书名，从而使字体与画面构成、字体与书稿内容气质十分协调和得体，使书籍的形式美感得到进一步增强。

图2-2 《浮城述梦人：香港作家访谈录》书名书法字体设计（设计师：马仕睿）

书名字体设计包括文字形、音、义整体的传递。封面上的字体、字形是信息的表面层次，是视觉可以把握的形象，而字形之外的字音、字义可进一步作用于读者的阅读心理，起到震撼读者心灵，加深读者对书的主题和内容特色感受的作用，从而为读者评鉴该书提供更形象、更丰富的信息。让读者看得清楚、看得懂是书名字体设计的基本要求（图2-3）。在此基础上才考虑形式的美感。读者一般是抱着选择的心理来阅读封面装帧文字的，并通过瞬间的思考、比较、鉴别和分析后，对该书品位做出初步判断。书籍封面文字的阅读与内文的阅读有很大的不同，它是一个短暂而又复杂的阅读过程。

3. 封面的字体编排

封面设计首先要突出书名等重要信息，所以书名的字体设计需要新颖独特。除了书名外，在书籍封面上的其他文字要素也能为封面增添细节，使封面显得更加精致。

封面字体编排形式是根据书籍的内容、体裁、风格、特点而定的。字体的编排与其他平面设计一样，要将文字作为点、线、面元素来设计，特别注意的是封面远、中、近的画面处理（图2-4）。远，为柔和清淡；中，有细节；近，醒目强烈。在封面设计中，对书名作醒目强烈的处理，以吸引读者的眼球，以图形与大块面色彩来渲染气氛，而出版社名、作者名多为封面的细节之处。要将所有文字要素有机地融入画面结构中，参与各种排

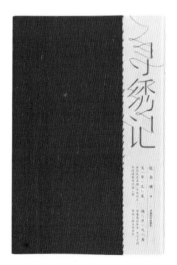

图2-3 《寻绣记》封面字体设计（设计师：许天琪）

图2-4 "沈从文故乡五书"封面字
体编排设计（设计：张志奇工作室）

列组合和分割，产生趣味，创造新颖的形式，让人感到整个封面言有尽而意无穷的意境。

任务2　封面中的图形

封面中的图形，包括摄影、插图和图案，有写实的、有抽象的，还有写意的。在封面图形的设计上要力求新颖别致、创意准确，与全书的精神相一致。在视觉上既要有一定的冲击力，又应起到辅助标题、更好地传达书籍信息的作用。除此之外，处理好画面远、中、近景的关系，形成较为丰富的空间层次变化，也能使书籍封面在视觉上更胜一筹。

本任务要求学生掌握写实类、抽象类、写意类这三种类型的封面图形表现形式。

一、写实类封面图形表现

写实手法运用在少儿知识读物、通俗读物和某些文艺、科技读物的封面设计中较多。因为少年儿童和文化程度不高的读者对于具体的形象更容易理解，而科技读物和一些建筑、生活类的画册封面运用具象图片，就具备了科学性、准确性和感人的说服力（图2-5）。

二、抽象类封面图形表现

科技、政治、教育等方面的书籍封面设计，有时很难用具体的形象去提炼表现，可以运用抽象的形式表现，使读者能够领会到其中的含义，得到精神感受（图2-6）。

图2-5 《肥肉》封面写实图形表现（设计师：朱赢椿）

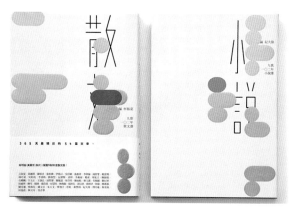

图2-6 《散文》《小说》封面抽象图形表现（设计师：聂永真）

三、写意类封面图形表现

在文学著作的封面上大量使用"写意"的手法，不只是像具象和抽象形式那样提炼原著内容的"写意"，而是以似像非像的形式去表现（图2-7）。中国画中有写意的手法，着重于抓住形和神的表现，以简练的手法获得具有气韵的情调和感人的联想。有人把自然图案的变化方法也称为"写意变化"，在简练的自然形式基础上，发挥想象力，追求形式美的表现，进行夸张、变化和组合。而运用写意手法作为封面的形象，会使封面的表现更具象征意义和艺术趣味性。变形的儿童读物封面更能引起孩子们的兴趣，从中能找到童话、神话和寓言故事中自己的知心朋友。那些具有写意手法的中外古今图案，在体现图书民族风格和时代特点上也起着很大的作用。

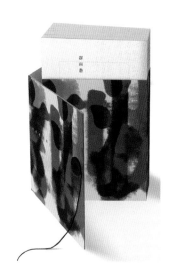

图2-7 《刘洪彪文墨》封面写意图形表现（设计师：龙丹彤）

任务3 封面中的色彩

色彩是表达含意和传递感受的多棱镜，折射出千变万化的光束。每种颜色都像人的性格一样，具有不同的情感倾向。书籍设计时，要根据书籍的主题准确地选择颜色。色彩语言的表现取决于它们在版面中的位置和上下左右的顺序关系，取决于颜色自身的亮度和饱和度。将各种颜色相互关联，统一配合在一个整体当中，既注重它们之间的联系，也注重它们之间的分离，这样所组成的色调才是既自然又融洽的。仅仅以整体为目标还不够，重要的是要为特定的内容主题找到最恰当的色彩与组合方式，这是对艺术的最高境界——"和谐"的一种追求。

本任务要求学生从封面色彩的创造性、抒情性、象征性和装饰性四个方面入手，能够掌握书籍封面色彩的选择和设计。

一、封面色彩的创造性

设计者要对色彩有独特运用能力，表现出独特的色彩和富有个性的设计风格。创造性地进行色彩构成是获得创造性封面色彩的关键。设计者既要正确地使用色彩语言，创造性地进行色彩构成，还要善于将运用色彩的技艺与生活感受、书籍内容、造型艺术熔为一炉，在书籍设计中发现和运用创造性的色彩构成规律，以开拓新的色彩意境，创造更加绚丽多姿的色彩艺术。

二、封面色彩的抒情性

通过具有表情作用的封面色彩使读者和设计者的感情产生共鸣的过程体现了色彩的抒情性。除了封面构图的魅力之外，艺术情感的表达取决于色彩。在造型艺术品中，形与色相比，色彩有更强的能见度，色彩常常先于造型，而且起着一种吸引视觉注意的诱饵作用。色彩本身是不具有情感的，但设计者凭借主观情感，依托于色彩的联想之中，移注设计者情感后的色彩就具有了人的情感，这就是使无情物有情化的过程。读者在感知字面色彩的同时也接受了设计者赋予在色彩中的情感，从而和设计者产生共鸣，引起对封面形象的关注。

三、封面色彩的象征性

由封面复色呈现的色彩情调所构成的抽象或具象的感人形象，从而激发读者进行想象和联想的特性是封面色彩的象征性。色彩象征会强化封面设计的整体审美效果，深刻地体现书籍内涵，因想象的参与而扩大了书刊封面的审美空间。

就单色象征来说，每个颜色都有不同的特点。

1. 红色

红色象征太阳、光明及炽热的激情等（图2-8）。

2. 橙色

橙色象征夕阳、火焰，以及辉煌、跳跃、豪华，但在某些场合又给人以焦躁感等（图2-9）。

图2-8 《邮票上的毛泽东》封面
（设计师：刘晓翔）

3. 黄色

黄色曾是中国帝王的专用色，因而是高贵、光明、希望和欢乐的象征，但同时也会使人产生嫉妒、庸俗的感觉（图2-10）。

图2-9 《伯尔尼纪念碑的保护》封面（*Denkmal pflege in der Stadt Bern*）[设计师：露丝·艾姆斯图兹（Ruth Amstutz）]

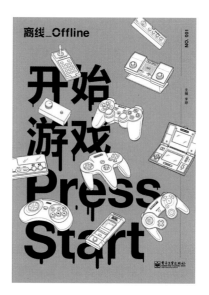

图2-10 《离线·开始游戏》封面（设计师：杨林青）

4. 绿色

绿色象征海洋、春天，以及和平、青春等（图2-11）。

图2-11 《让我们在一起：2011年全绿色日记》封面（*All Green，Let's Stay Together，Diary* 2011）[设计师：延斯·潼恩（Jens Dawn）]

5. 青色

青色象征沉着、诚实、海洋、悠久、广阔、沉静、消极等（图2-12）。

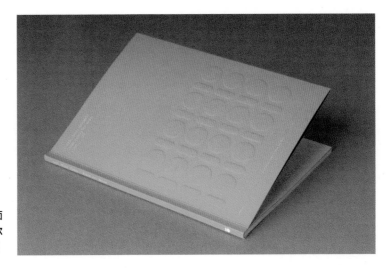

图2-12 《威尔士纤维艺术》封面（*Fibre Art Wales*）[设计师：艾尔文·托马斯（Alwyn Thomas）]

6. 蓝色

蓝色象征蓝天、远山、海洋，以及平静、理智、优美、高尚等，同时也给人以薄情、神秘、悲哀、冷淡的感觉（图2-13）。

7. 紫色

紫色象征梦，以及优雅、高贵、壮丽、久远、神秘等，同时也给人以不安的感觉（图2-14）。

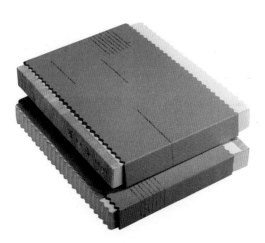

图2-13 《流水》封面（设计师：赵清）

图2-14 《湘夫人的情诗》封面（设计师：张志伟）

8. 黑色

黑色象征黑夜、墨、丧服，以及罪恶、恐怖、邪恶、绝望、悲哀、寂寞、沉默等，但有时也给人以无限、高尚的感觉（图2-15）。

9. 白色

白色象征雪、白云，以及圣洁、纯真、洁白、明朗、欢乐等，同时也象征凶丧、凄凉、悲哀、虚无等（图2-16）。

10. 灰色

灰色象征阴天、炊烟，以及中庸、平凡、忧郁、不清晰等（图2-17）。

11. 金色

金色象征满足、奢侈、装饰、华丽、高贵、炫耀、神圣、名誉及忠诚等（图2-18）。

12. 银色

银色象征高尚、尊贵、纯洁、永恒、神圣、庄严等（图2-19）。

图2-15 《刘小东在和田&新疆新观察》封面（设计师：小马哥、橙子）

图2-16 《剪纸的故事》封面（设计师：吕旻、杨婧）

图2-17 《查令十字街84号》封面（设计师：陈博，指导老师：吕敬人）

图2-18 《永远属于你，我的时间在设计之中》封面（*Eternally Yours，Time in Design*）[设计师：托尼克（Thonik）]

图2-19 《镜中镜》封面（设计师：杨林青）

四、封面色彩的装饰性

封面色彩所呈现的色相和色值的对比及整体色彩调和的特性体现了封面色彩的装饰性。封面设计的色彩不是绘画性的，而是装饰性的，即使运用绘画性的色彩手段，也不能离开色彩装饰性的需要。装饰性的色彩既讲浓、艳、重，也讲淡、雅、轻，其色彩特征是概括、简练、含蓄、夸张。色彩要给人快适感，具有装饰性，色彩美必须在色的变化统一中获得。色彩的宁静和谐与对比刺激是色彩调和美的两种基本类型，要达到宁静和谐的效果，一般用色相、明度、彩度相类似的色，而对比刺激则要用色相、明度、彩度反差强烈的色。设计用色大多为对比色的调和，要求具有醒目、鲜明、强烈的色彩效果。由于书籍设计是属于表现的艺术，因此，与绘画艺术不同，既不是自然的再现，也不是随心所欲的涂抹，而是通过理性色彩，符合规律的组合和追求个性组合的效果，创造出极具魅力的结构形态，为读者提供具体的审美形象，以增强读者购买和阅读的欲望。

思考与练习

1. 书籍封面中必须出现的文字内容是什么？
2. 书籍封面中的图形分为哪几种表现形式？
3. 完成一本概念书的封面设计草图。

项目三
Adobe InDesign排版软件

Adobe InDesign是用于印刷和数字媒体的业界领先的版面和页面设计软件。常用于信纸信封、传单、海报、宣传册、年度报告、杂志和书籍的设计，并可创建和发布数字杂志、电子书、交互式PDF等内容，是书籍设计师必须掌握的软件之一。

本项目主要是针对Adobe InDesign 的基本操作和技巧与进阶这两个任务的学习，包括文档的基本设置、文本与图片、主页及自动页码的设置、文件的导出、常用快捷键和特殊形制的页面制作等内容。

任务1　Adobe InDesign的基本操作

Adobe InDesign（后简称ID）和Adobe PhotoShop（后简称PS）、Adobe Illustrator（后简称AI）都是Adobe公司旗下的平面设计软件。如果已经熟悉PS和AI的基本操作，那么ID的学习和操作就非常容易掌握。三个软件相互兼容，部分操作快捷键也一致，在书籍设计排版时，可以根据需要结合起来使用。

本任务要求学生掌握使用ID完成书籍排版的技能（以下操作教学以Adobe InDesign 2020软件版本为例）。

一、文档基本设置

1. 新建文档

在制作单本书的内页文件或其中一个章节的内页文件时，要在"文件"菜单选择"新建文档"。在需要打包多个文档方便调整文档顺序的时候，就应该在"文件"菜单里选择"新建书籍"。在"新建文档"窗口右侧"宽"和"高"处输入书籍的净尺寸（图3-1），图中的数值为一本大度16开书籍的净尺寸。在"页面"处输入书籍的大致总页数，后期可在文档中随时增减页面，选择"对页"显示，以方便观察整体对页效果。最后选择"边距和分

图3-1 新建文档

栏"按钮进入下一步设置。

2. 边距和分栏

在"新建边距和分栏"窗口设置"边距"的尺寸（图3-2），这里的"内"指的是从书籍的版心到中缝的距离。窗口下半部

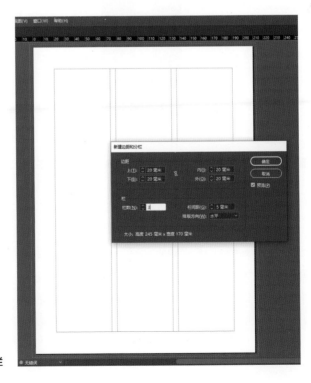

图3-2 边距和分栏

分可以设置文档的分栏，图中设置的"栏数"为3栏，"栏间距"为5mm。当"预览"选项被勾上之后，窗口背后的文档会自动按刚设置的数值显示预览效果。最后选择"确定"按钮进入文档操作界面。在文档页面中就显示了已经设置好的"边距"，"边距"以内的位置就是"版心"，"版心"内可以看到"分栏"效果。

3.页面

进入文档操作界面后，可以通过上下滑动鼠标滚轮看到整个文档所有的页面。在"页面"浮动面板上，可以看到所有页面的缩略图，缩略图下面的数字代表此页面所在的页数。如果希望快速切换到某个页面进行操作，可以在"页面"浮动面板中此页面的缩略图上双击鼠标左键来实现。如果需要添加或删除某页面，可以点击"页面"浮动面板右下角的"新建页面"和"删除选中页面"图标进行操作（图3-3）。

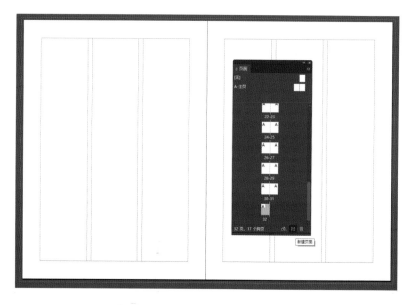

图3-3　新建页面

4.创建参考线

除了使用"分栏"的方式划分页面区域，还可以通过"创建参考线"设定版面的网格。在"版面"菜单选择"创建参考线"，在其浮动面板上对行数、栏数、行间距、栏间距进行设置，就可以得到平均分布的"双线网格"（图3-4），如果行间距和栏间距的数值都设置为"0"，就会得到"单线网格"（图3-5）。

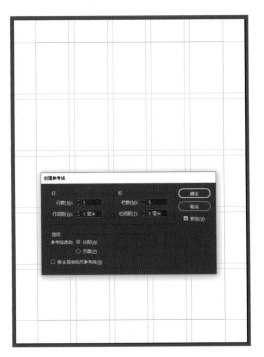

图3-4 辅助线设置双线网格

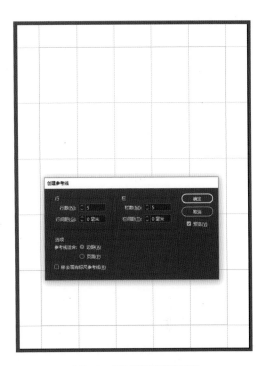

图3-5 辅助线设置单线网格

　　当在"选项"中选择参考线适合"边距"的时候，网格就是在版心范围内平均划分（图3-6），当选择适合"页面"的时候，网格则是在整个页面范围内平均划分（图3-7）。

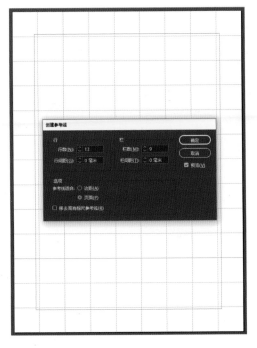

图3-6 参考线适合"边距"

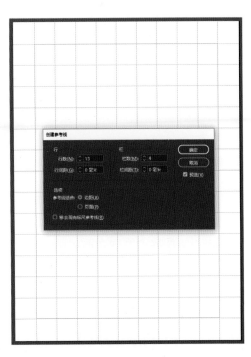

图3-7 参考线适合"页面"

二、文本与图片

1. 段落样式

（1）设置基本段落样式

在置入文本之前，可以预先设置好段落样式，这样置入的文本就会直接按照已经设定好的格式呈现。从"文字"菜单里选择"段落样式"（快捷键：F11），即可打开"段落样式"的浮动面板。鼠标左键双击"基本段落"（图3-8），在左侧菜单选择"基本字符格式"，可以设置文本的字体、字号、行距等基本项，在左侧菜单中的"缩进和间距"选项中还可以设置段落文本的对齐方式、缩进数值等。

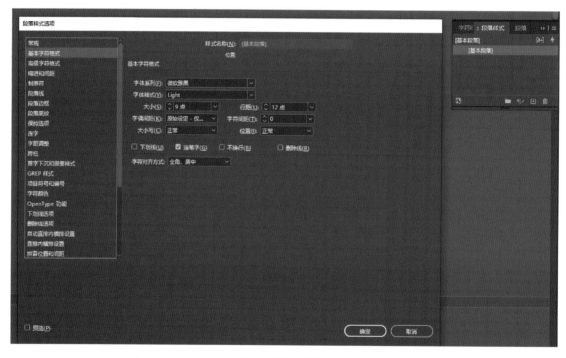

图3-8 设置段落样式

（2）创建新样式

在"段落样式"浮动面板中，还可以通过点击右下角的"创建新样式"图标设置更多的新样式，可以根据样式内容分别重命名为"一级标题""二级标题""图注"等。置入相应内容文本的时候，要先选择某个样式，再置入文本，此文本便会呈现指定好的段落样式的效果（图3-9）。

图3-9 新建不同的段落样式

2. 置入文本

（1）置入

打开段落样式面板，选中即将要插入的文字段落应该应用的段落样式。然后在软件界面最左侧的工具栏中，选择"T"造型的"文字工具"（快捷键：T）在页面合适的位置按住鼠标左键拖出文字矩形框，再到Word文件中，选中所需段落后用Ctrl+C复制，再回到ID界面的文本框中用Ctrl+V粘贴，即可插入文本。

（2）溢流文本

图3-10 出现溢流文本

如果文本框过小，未能显示置入的所有文本，在文本框的右下角就会出现一个红色"+"的小图标，即出现了溢流文本（图3-10）。此时，可以把文本框拉大，直至文本全部呈现，或者单击红色"+"的小图标，便会把剩余的未呈现的文本移走，选定位置再单击鼠标，溢流的文本就自动生成了另一个文本框。

3. 置入图片

（1）置入

在"文件"菜单中选择"置入"（快捷键：Ctrl+D）选择需要插入的图片，把鼠标箭头移到需要插入图片的地方，单击鼠标，图片就被置入进来了。

（2）调整图片大小

图3-11 单击选择时的"蓝框"

在ID中，图片对象有两个调整框，一个是单击鼠标左键显示的"蓝框"（图3-11），一个是双击鼠标左键显示的"红框"（图3-12），它们是画框和图片的关系。外面的"蓝框"是画框，可以通过"蓝框"周围的节点拉伸"蓝框"，调整画框的长与宽来裁切图片；里面的"红框"是图片本身，按住"Shift"键拉伸"红框"周围的任意一个节点，可以等比例地调整图片的大小；

也可以在单击选中"蓝框"时，按住"Ctrl+Shift"拉伸"蓝框"，即可直接调整图片的大小。

（3）图片出血

如果图片需要排布在页面边沿，必须让图片紧贴到页面最外围的红色出血线（图3-13），甚至超出出血线的范围，不能把图片放置在白色页面的净尺寸边线上，否则印刷后裁切时，容易留出难看的白边。

（4）图片显示

如果已经在PS中提前设置好了图片的分辨率为300dpi，那么在图片置入ID后，它在页面中显示的尺寸就是可印刷的最大尺寸，一般不适合再将图片拉大处理。如果在PS中确认过的原本高清的图片置入了以后，却显示非常模糊，这是ID为了占用更少的系统资源，让操作保持流畅而默认提供的"典型显示"的显示性能。可以通过在图片上单击鼠标右键，在"显示性能"的选项中选择"高品质显示"即可（图3-14）。

图3-12 双击选择时的"红框"

图3-13 出血图片的位置

图3-14 选择高品质显示性能

三、主页及自动页码设置

1. 主页设置

ID中的主页相当于PPT里的母版，主页里的内容会显示在应用了该主页的全部页面上，通常可以利用主页为书籍批量增加页码、页眉、页脚等模板化信息。

在"页面"浮动面板上半部分有一条分割线，分割线上方为"主页"，下方为文档中页面的缩略图。双击"主页"面板中系统默认存在的"A—主页"，视图会自动跳转到选中的"A—主页"的跨页上，这时便可以在"A—主页"中设置各种模板化信息。

当"A—主页"的模板化信息不能满足书籍中不同章节的模板要素变化的时候，可以在"主页"面板的空白处点击鼠标右键，选择"新建主页"，就可以得到"B—主页""C—主页""D—主页"等（图3-15）。

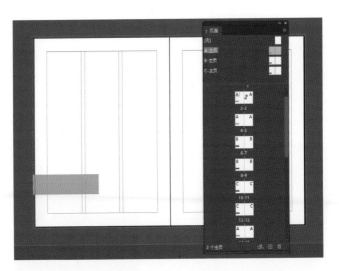

图3-15 多个主页的设置

分别在不同的主页里设置不同的模板化信息后，要在"页面"面板中的页面缩略图中选择哪些页面要应用哪个主页，如图3-16中，如果需要第6~9页应用到"B—主页"的模板，就要单击"页面"面板中的第6页，同时按住Shift单击第9页，这样就可以选择到四个页面，然后在这四个页面上点击右键，选择"将主页应用于页面"选项，在"应用主页"一栏的下拉菜单中选择"B—主页"即可。在"页面"面板中，页面缩略图左和右上角的字母即是本页面正在应用的主页的前缀。

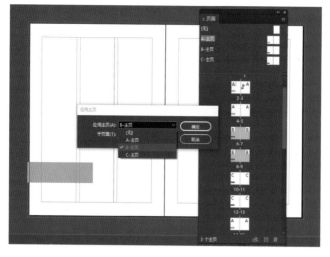

图3-16　将页面应用不同的主页

2. 自动页码

　　双击鼠标左键进入某"主页"，选择"T"造型的"文字工具"在"主页"左侧页面中合适的位置上拉出一个文本框，在光标闪动的时候，不要打字，直接用右键选择"插入特殊字符"选项，再选择"标志符"选项，最后选择"当前页码"选项（快捷键：Ctrl+Shift+Alt+N），这时候文本框里会自动出现一个字母"A"，双击"主页"外任意左边的页面缩略图，就会看到所有的左页都已经插入了自动页码（图3-17）。然后回到"主页"，把左边设置好的自动页码"A"复制一个到右边页面合适的位置上，最终形成两个页码文本框分别放在左页和右页的状态，双页面的自动页码就设置好了。

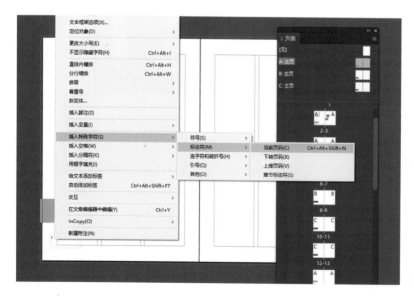

图3-17　插入自动页码

如果设置了多个"主页"，可以在刚设置好自动页码的"主页"复制左右两个"A"的文本框，然后双击进入另外的"主页"，在空白处单击鼠标右键选择"原位粘贴"，自动页码就会按照同样的位置复制过来。

3. 新建图层

在ID中新建图层，主要是为了"主页"中设置好的模板化元素能够显示在文档页面中的图片或色块上方。从"窗口"菜单中选择"图层"面板（快捷键：F7），现在所有元素默认都在"图层1"上。在图层面板新建一个"图层2"，把"主页"中的"自动页码"等模板化元素用右键剪切掉（快捷键：Ctrl+X），单击选择"图层2"，然后直接在原"主页"上点击右键"原位粘贴"，这些元素就原位转移到新的图层中了（图3-18）。因为"图层2"在"图层1"的上方，所以刚刚转移过来的元素一定会出现在页面的最上层，不会被覆盖。

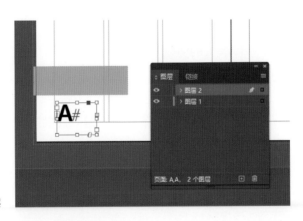

图3-18　将自动页码转移图层

四、文件导出

1. 印前检查

在生成印刷文档之前，先要对现在的文件进行检查。

在软件的右下方状态栏有一个"红"或"绿"点，"绿"点表示印前检查无错误（图3-19），就可以直接选择文件导出；如果显示"红"点，一定要双击"红"点后面的"错误"两字，弹出"印前检查"面板，在这里可以发现诸如"溢流文本""缺失链接""缺失字体"等问题提示（图3-20）。

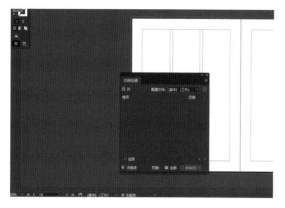
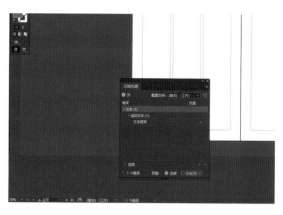

图3-19　印前检查无错误　　　　　　　　　图3-20　印前检查有错误

2. 透明度拼合预设

在将ID文件导出成PDF文档之前，为了防止印制方没有此文件中用到的字体，直接导出后，PDF文档传输出去也会有字体缺失的问题。所以如果是文档中只有少量文字，可以提前将所有文字"创建轮廓"，但大部分文档中的文字都比较分散，最方便快捷的方式就是设置"透明度拼合预设"，相当于在文档的所有版面中加盖了一层"透明玻璃"，把所有版面中的文字都做了"虚拟的转曲"，从而解决了字体缺失的问题。

（1）在"主页"添加全透明色块

进入"主页"中，用"矩形"工具在"主页"上画一个可以完全覆盖左右对页的矩形，在"窗口"菜单中找到"效果"面板，将矩形的"不透明度"从数值"100"改为"0"（图3-21）。如果有多个主页，也要把这个矩形原位粘贴到其他主页。

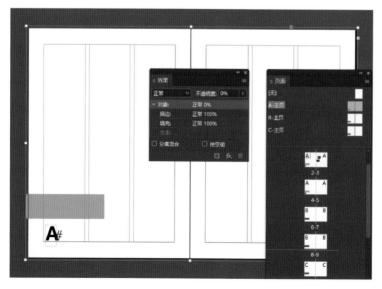

图3-21　在主页中添加全透明色块

（2）设置"透明度拼合预设"

在"编辑"菜单中找到"透明度拼合预设"面板，先选择"高分辨率"，再点击"新建"，在"透明度拼合预设选项"面板中，将下方的"将所有文本转换为轮廓"和"将所有描边转换为轮廓"都勾上，点击"确定"即可（图3-22）。

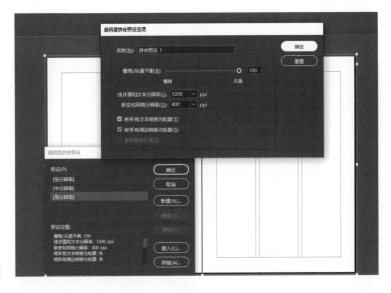

图3-22　设置透明度拼合预设

（3）在导出 PDF 文件时选择"拼合预设"选项

在导出PDF文件时，在"导出Adobe PDF"面板左侧的"高级"菜单中，将"兼容性"选择为"Acrobat 4"（最低版本），在"透明度拼合预设"一栏选择"拼合预设1"，再导出即可（图3-23）。

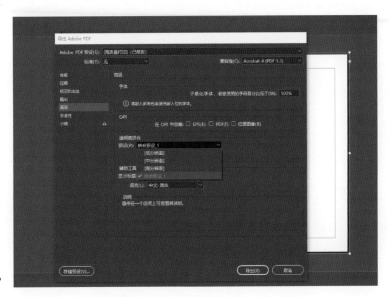

图3-23　导出时选择"拼合预设1"

3. 导出

在"文件"菜单选择"导出"，在保存类型下拉菜单中选择："Adobe PDF打印"，各选项推荐设置如下。

（1）"常规"菜单

选择导出为"页面"，而不是"跨页"，这样有利于印制方后期的拼版处理（图3-24）。

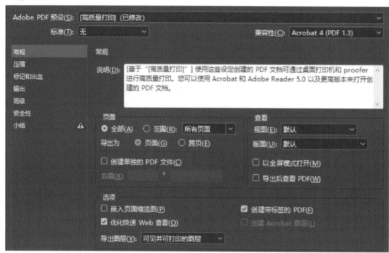

图3-24　PDF导出时"常规"菜单的设置

（2）"压缩"菜单

把"彩色图像""灰度图像""单色图像"选项中的"压缩"全部选为"无"，确保文件最高质量的输出（图3-25）。

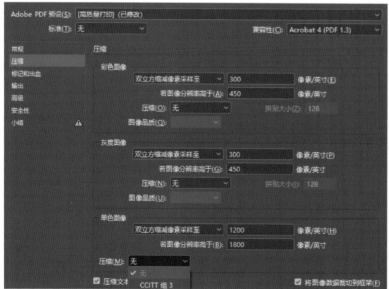

图3-25　PDF导出时"压缩"菜单的设置

（3）"标记和出血"菜单

将"裁切标记"勾上，在"出血"一栏设置成三边出血，即"上""下""外"都是3mm的出血，而"内"是0mm，不出血（图3-26）。尤其是在"骑马订"的情况下，"内"如果加了3mm的出血，就会造成书籍中缝的位置出现多余的3mm的左右页交叠部分，大大影响了书籍的阅读和美感。

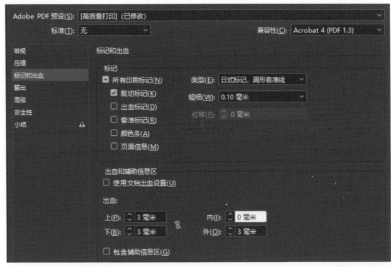

图3-26　PDF导出时"标记和出血"菜单的设置

（4）"高级"菜单

在"高级"菜单里，把"透明度拼合"选项中"预设"一项选择为"拼合预设1"。

任务2　Adobe InDesign的技巧与进阶

本任务要求学生在掌握了ID的基本操作后，能够进一步熟悉ID的操作技巧，包括常用快捷键，书籍拉页、折页的制作等。

一、常用快捷键

1. 工具箱

选择工具"V"

直接选择工具"A"

钢笔工具"P"

文字工具"T"

路径文字工具"Shift"＋"T"

恢复默认填色和描边按钮颜色 "D"

切换填色和描边按钮颜色 "X"

切换屏幕的显示模式 "W"

2. 显示/隐藏调板

页面调板 "F12"

图层调板 "F7"

色板调板 "F5"

描边调板 "F10"

效果调板 "Shift" + "Ctrl" + "F10"

链接调板 "Shift" + "Ctrl" + "D"

对齐调板 "Shift" + "F7"

段落调板 "Alt" + "Ctrl" + "T"

字符调板 "Ctrl" + "T"

段落样式调板 "F11"

3. 页面显示

放大/缩小 "Alt" + 鼠标滚轮

使页面适合窗口 "Ctrl" + "0"

使跨页适合窗口 "Alt" + "Ctrl" + "0"

显示/隐藏标尺 "Ctrl+R"

显示/隐藏标尺参考线分栏线 "Ctrl" + "；"

锁定标尺参考线 "Ctrl" + "Alt" + "；"

4. 版面操作

跳至文档首页 "Shift" + "Ctrl" + "Page Up"

跳至文档末页 "Shift" + "Ctrl" + "Page Down"

添加页面 "Shift" + "Ctrl" + "P"

5. 文件设置

置入文件 "Ctrl" + "D"

保存文件 "Ctrl" + "S"

关闭文件 "Ctrl" + "W"

退出程序 "Ctrl" + "Q"

6. 文字

放大字号 "Ctrl" + "Shift" + ">"

缩小字号"Ctrl"+"Shift"+"<"

减小行距"Alt"+"↑"

加大行距"Alt"+"↓"

减少字距"Alt"+"Ctrl"+"←"

加大字距"Alt"+"Ctrl"+"→"

将文本左对齐"Shift"+"Ctrl"+"L"

将文本居中对齐"Shift"+"Ctrl"+"C"

将文本创建为轮廓"Shift"+"Ctrl"+"O"

7. 表格

删除列"Shift"+"Backspace"

删除行"Ctrl"+"BackSpace"

选择整个表"Ctrl"+"Alt"+"A"

选择单元格"Ctrl"+"/"

选择列"Ctrl"+"Alt"+"3"

选择行"Ctrl"+"3"

8. 对象操作

群组对象"Ctrl"+"G"

取消对象群组"Shift"+"Ctrl"+"G"

锁定对象"Ctrl"+"L"

取消锁定对象"Alt"+"Ctrl"+"L"

将对象后移一层"Ctrl"+"〔"

将对象前移一层"Ctrl"+"〕"

将对象置为底层"Shift"+"Ctrl"+"〔"

将对象置为顶层"Shift"+"Ctrl"+"〕"

创建复合路径"Ctrl"+"8"

9. 其他操作

粘贴时不包含格式"Shift"+"Ctrl"+"V"

打开"查找/更改"对话框"Ctrl"+"F"

将对象贴入图形或框架内部"Ctrl"+"Alt"+"V"

二、特殊形制的页面制作

1. 书籍拉页制作

当书籍内页需要拉页设计时，可以先从"窗口"菜单中找出"属性"面板，再利用工具栏里的"页面"工具（快捷键：Shift+P）在"属性"面板中改变某个选中页面的宽和高的数值即可（图3-27、图3-28）。

图3-27　用"页面"工具设置拉页的宽度

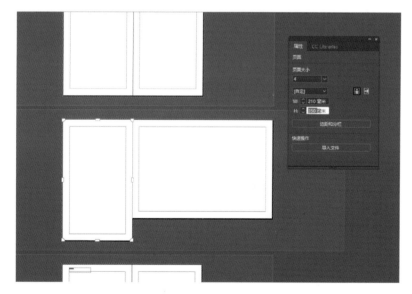

图3-28　用"页面"工具设置拉页的高度

需要注意的是，因为书籍内页的每一张纸都需要双面印刷，所以如果书籍中有一个拉页的设计，就意味着需要有两个等大的拉页页面，并且不能出现在同一个对页上，必须是右上页和左下页的组合（图3-29）。

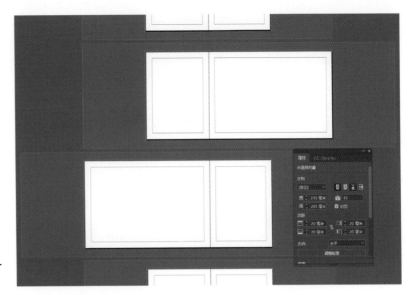

图3-29 "右上"和"左下"为一组完整的拉页

2. 书籍折页制作

折页的制作也可以用ID轻松完成。先确定折页的折数（以八折页为例），在新建文档的时候输入相应页数。文件创建好之后，在"页面"浮动面板上找到并选择"允许选定的跨页随机排布"（图3-30）。

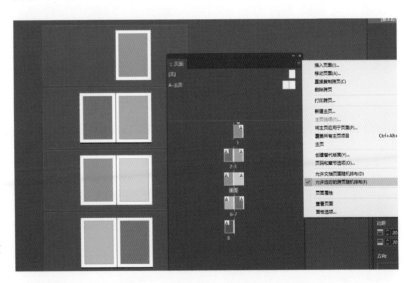

图3-30 选择"允许选定的跨页随机排布"

在"页面"面板的页面缩略图中依次移动页面（图3-31）。

最终将所有页面移动到其中一个对页，单面的八折页就形成了（图3-32）。

如果需要双面制作，可以按住"Shift"键，依次点击所有页面的缩略图，将它们全部选中，在缩略图上点击鼠标右键，选择"直接复制跨页"（图3-33），双面的八折页就形成了（图3-34）。

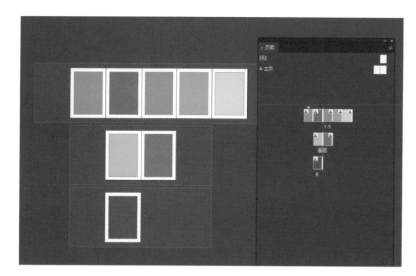

图3-31 移动"页面"面板中页
面的缩略图的位置

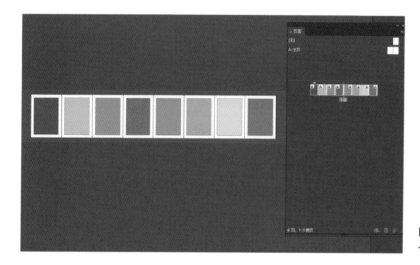

图3-32 将所有页面全部移动到
一个对页上

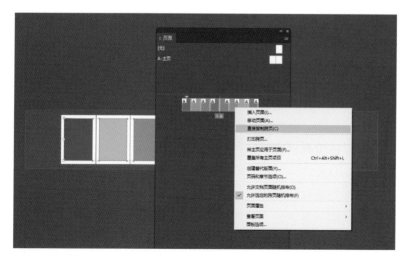

图3-33 直接复制跨页

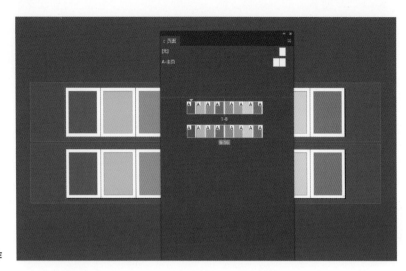

图3-34 完成八折页双面的制作

思考与练习

1. 在Adobe InDesign中如何设置自动页码？

2. 如何设置透明度拼合预设？

3. 在导出PDF文件的时候需要进行哪些设置？

4. 练习Adobe InDesign排版软件的基本操作和进阶操作。

项目四
书籍内页版面设计

书籍内页版面设计是书籍整体设计的一个重要组成部分，贯穿于书籍设计全过程，也存在于读者阅读的全过程，是对原稿进行体例、结构、层次、图表等方面的技术性处理。书籍内页版面设计的作用不仅是美化版面，增加读者的阅读兴趣，延长读者持续阅读的耐力，还体现了书籍的编辑思想及风格特点。

本项目主要针对版面设计的三大类型、内页版面的构成与设计这两个任务的学习，包括古典、网格、自由版面设计的特点，版面中的文字、插图和版式设计等内容。

任务1　版面设计的类型

书籍的内页主要包含三种版面设计的形式，即古典版面设计、网格版面设计、自由版面设计。这三种版面设计的形式目前是相互平行使用的。古典版面设计和网格版面设计具有很强的生命力，是目前运用较多的版面设计形式。自由版面设计目前尚处于试验阶段，因而运用较少，但它是一种很有潜力的设计形式，主要用于教科书和相关出版物的版面设计中。

本任务要求学生掌握古典版面设计、网格版面设计、自由版面设计的特点，着重对网格版面设计进行学习和训练。

一、古典版面设计

古典版面设计（图4-1）是一种以书刊订口为轴心，形成左右两页对称的版面形式。由德国铅活字印刷术发明者和书籍装帧艺术家古腾堡创立，至今已有五百多年的历史。它自创立以来一直处于版面设计的主导地位。这种版面的印刷部分与未印刷部分之间的关系相互协调、和谐统一。图片被嵌入版心之中，未印刷的部分围绕文字双页组成一个保护性的框子。古典版面设计较为方便地将设计者的设计思想贯穿于整本书籍的设计之中。

图4-1　20世纪80年代末的报纸
古典版面设计

二、网格版面设计

1. 定义与起源

　　网格版面设计是一种在书页上按照预先确定好的格子分配文字和图片的版面设计方法，也称"网格系统""标准尺寸系统""积序版面设计""瑞士版面设计"，或称"欧洲形式"。它产生于20世纪30年代的瑞士，50年代后迅速风靡世界，成为现代版式构成的一种思路和手法。其基本原则适用于书籍、刊物、报纸，适用于图片版、文字版，以及图文配合版。它将版心的高和宽分成一栏、二栏、三栏，甚至更多的栏，并由此规定一定的标准尺寸。运用这一标准尺寸，就可对各种文章、标题和图片做出安排，使版面成为有节奏的组合，并保证双页之间的和谐统一。

2. 网格的形式

　　网格的形式指组成网格的水平线和垂直线分割版面的方式。

垂直线决定了栏目的宽度，水平线决定了栏目的高度，且网格栏目的高和宽要受到字体大小和行距的控制。网格的形式主要有正方形网格、长方形网格、栏目宽度不同的网格、有重点的网格、重叠网格等（图4-2）。

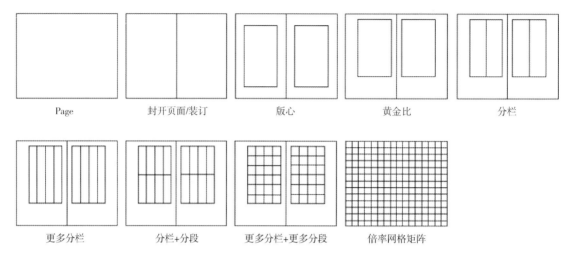

Page	封开页面/装订	版心	黄金比	分栏

更多分栏	分栏+分段	更多分栏+更多分段	倍率网格矩阵

图4-2　网格的形式

设计者在设计前要深刻了解书籍内容，明确设计目的，预测读者的潜在反应，同时还应进行认真的预测，根据网格设计原理，处理好图形、文字与艺术表现设计构成，重视对视觉交流的价值起决定作用。网格成为设计者手中的一种工具，在为自己的思维服务的过程中，设计者的思维不能受其限制，要避免风格呆板。

3. 优势与劣势

网格版面设计与古典版面设计相比，具有完全不同的设计原理；与自由版面设计相比，网格版面设计以理性为基础，重视比例感、秩序感、连续感、清晰感、时代感和正确性，而自由版面设计则以感性为基础，强调和崇尚自由配置，灵活把握。

网格版面设计的优点在于将秩序引入版面设计，使所有的设计因素，字体、图片之间的协调一致成为可能。它为设计者得到一个连贯紧密、结构严谨的版面设计方案（图4-3、图4-4）。设计师将技巧、感觉和网格形式三者融合，灵活地运用到版面设计中时，常会产生一种清新、自然、连续、与众不同的统一的页面。但如果只考虑网格结构而忽略对它的灵活应用和创造，网格就将成为一个约束物，使版面设计变得死板拘束，妨碍设计者创造才能的发挥。

图4-3　*NOVO*画册网格版面设计

图4-4　*DOUGLAS DANIEL*画册网格版面设计

三、自由版面设计

　　自由版面设计指将被印刷部分和未印刷部分视为同等重要的一对伙伴的版面设计方法，并且一本书籍的每一页均可有完全不同的设计。自由版面设计形成于美国，由于照相胶片的剪辑和照相排版的使用，以及计算机排版系统的出现，使人们对书页进行自由设计成为可能，而不需要再受到铅字框架的限制（图4-5）。版面设计的成功与否完全取决于设计者敏锐的感觉（设计经验和艺术修养）能否使每一个设计因素相互适应。经验丰富的设计师可用其构成活泼而富有变化的版面，但如果是一名蹩脚的设计师，用这种方法设计的版面必定会混乱不堪。

图4-5 《穿过骨头抚摸你》自由版面设计（设计师：吴周美，指导老师：毛德宝）

任务2　书籍内页版面的构成与设计

从我国书籍演变发展史来看，书籍的版面设计要早于封面设计，在古代书籍还无封面时，就已经有了版式。可以说，没有版面设计，书籍就不能成形。

本任务要求学生掌握书籍内页版面中的文字、插图及版式设计，包括版式设计三原则、版式设计的整体构思、版式设计色彩结构三元素、版式设计中的形式美规律等内容。

一、版面中的文字

文字在版面设计中是关键元素。文字的大小、粗细深浅，以及集字成块的"面"不同形态构成，是设计者手中的武器。需要注意文字的对比与统一，主要有大小、粗细、朗暗、疏密等种类对比；文字的主从关系，要有主有从，主角、配角安排得当，和谐统一，给人以平静和均衡感；文字粗细和深浅的搭配，粗壮的笔画给人以强劲、阳刚的感觉，细瘦的笔画则给人以纤细、柔美的感觉；浓黑的版面令人心烦、目眩，淡灰的版面则使人遐想。

文字在版面中的编排设计手法多样，主要包括：集字成面，不把文字看成单独的因素，而是把它当作构成"面"的要素，在将文字构成版面的设计过程中，强调版面设计的独创性，充分表现现代版式设计的特征；用文字构成形象，即文字的具象化，文字在版式设计中也可被看成线或点设计元素，从而使文字成为形象化版式的构成要素之一。

1. 字号

字体的字号是表示字体规格大小的术语，通常采用号数制、点数制和级数来表示，计算版面的文字容量及在书籍版面上所占面积。号数制是计算活版铅字规格的单位。有初号、一号、二号、三号、四号、五号、六号、七号等。扁体字按宽度来计算号数，长体字按长度计算号数。点数制是国际通用的铅字计量单位。每"点"等于0.35mm。"点"也称"磅"，是由Point翻译而来，缩写为"P"。现在电脑排版系统多用点数来计算字号大小。照排机排版使用的毫米制，基本单位是级（K），1级为0.25mm，它用级（K）数来表示字号的大小。

常规使用字号的对应关系为：

一号字=27.5P=38K

二号字=21P=32K

三号字=16P=24K

四号字=13.75P=20K

五号字=10.5P=15K

六号字=8P=11K

七号字=5.25P=8K

2. 字距

字体的字距，指版面上字与字之间的空位。字距与行距一样，都有空匀、加大、缩小的问题，运用得法可使版面美观大方。

3. 行距

字体的行距，指版面上两行文字之间的空白距离。行距过窄，行与行之间不易看清，如果字行较长，容易跳行错读；行距过宽，除了使纸张的消耗增加外，还会影响版面的美观。因此，适当的行距不仅方便阅读，而且版面也显得清晰美观（图4-6）。行距的宽窄要根据具体情况和书刊的种类来决定。一般情况下，行距至少要大于字距，通常书籍的行距为正文字号的1/2或3/4。供连续阅读的图书，行距应宽些；短的字行，行距可窄些。一般情况下，书籍的行距较报刊略大，少儿读物、教科书的行距较大，辞书等工具书的行距较小。在要求特别疏朗的版面上，行距可达到正文字体的宽度，但过于宽大的行距也会影响版面的美观。探求合适行距的方法为：预先排印一页文字，并用几

图4-6 《敬人书籍设计2号》版面中文字设计（设计师：吕敬人）

种不同宽窄的行距各印一张，然后将其印在同样的开本和版心的白纸上进行比较、选择，以期获得最合适的行距。

4. 行宽

书籍版面设计字体的行宽指字行的宽度。横排本的行宽通常以每行文字所排的字数计算。过长的字行会给阅读带来疲劳感，降低阅读速度。通常32开书籍都为通栏排版，在16开或更大的开本上，其版心的宽度较大，假如用10P字或10.5P字排版，宜缩短过长的字行宽，排成两栏。如不宜排双栏的，像"前言""编后记"等，则以大号字排列或缩小版心。辞典、手册、索引、年鉴等每段文字简短，但副标题多，也需采用双栏、三栏、多栏排列。分栏排列中的每行字数相等，栏间隔空一字或两字，也可放明线条网格来间隔。

二、版面中的插图

插图按汉字表意理解，可以说是插在书刊文字间的图形。在中国，古人以图书并称，所谓"凡有书必有图"，说明了文字和图画的关系，也说明了插图这一艺术形式的起源。插图作为一种造型艺术形式，运用图形对文字所表达的思想内容作艺术的解释，因此，插图必须包含创作因素、主观意念，具备审美意识。

从现代设计观念来认识，插图是一种视觉传达形式，也可以说是一种信息传播的媒体。提及插图，人们首先想到它与书籍的关系。事实上，现代插图的应用范围十分广泛，从形式和风格到体裁和内容都发生了变化。插图除了应用于书籍设计，已经广泛地应用于社会经济消费领域，拓展于商业活动、工业产品、展示、影视等诸多方面，从而大大丰富了插图的含义。"插图设计"的名词表明，现代插图应用范围之广可以包括一切平面设计中所有图形部分。

书籍插图，一般指文学性插图与技术性插图。

1. 文学性插图

文学性插图是书籍插图的主要类型之一，指为诗歌、散文、小说、戏剧文学四种体裁的文学作品所做的插图。文学性插图作为一种造型艺术，具有造型艺术的一切共性，但文学性插图是一种从属于文学作品的造型艺术，因此，对文学作品的从属性是其基本特性。文学性插图与其他造型艺术的一个显著区别在于其艺术内容是被文学作品所规定的，它不能脱离文学作品的内容去任意表现毫不相干的东西。文学性插图也具有独立性的一面，它对文学形象的艺术再现绝不是用绘画形式图解文学作品的内容，而是用造型艺术语言对文学形象进行艺术再创造，这正是古今中外许多优秀文学插图作品能传之千古、流芳百世的原因。所谓文学形象，并非仅指文学作品中的人物形象，而是对文学家在其作品中所创造的文学情境和意境（既包括文学人物和文学环境，也包括文学家的意念和情思）的统称。因此，以写人见长的小说与以写景抒情见长的诗歌和散文等的文学形象的表现形式特征往往是不同的，插图画家要善于运用不同的艺术语言去表现不同的文学形象。塑造人物形象是以写人的活动为主要特征的文学作品（主要是指小说）插图的主要任务，纵观古今中外许多优秀的小说插图，无一不是成功地塑造了文学人物的形象。在文学插图中，衡量文学作品人物形象塑造成功与否的关键，一是要看它是否同作家的想象相符，二是要看它是否与广大文学作品读者的想象相符（图4-7）。

图4-7 《播下美好未来的种子》（*Sowing The Seeds For a Better Future*）书籍内页插画设计［设计师：冯雷，庄雪莉（Ray Fung, Shirley Chong）］

文学插图的艺术功能主要有两个：一是对文学书籍的艺术装饰功能，二是对文学形象的艺术表现功能。第一种功能是为了加强文学书籍对读者的吸引力，以"增加读者兴趣的"（鲁迅先生语）；第二种功能是为了增加文学作品的艺术感染力和宣传力，"补文字之所不及"（鲁迅先生语）。就文学插图的整体艺术使命来说，这两种功能缺一不可。正是由于文学插图同时具备这两种功能，才使它受到文学家和文学作品读者的欢迎，呈现出持久的生命力。文学插图主要包括肖像性插图、情节性插图和装饰性插图等（图4-8）。

图4-8　匈牙利童书插图

2. 技术性插图

技术性插图指用于科技读物及史地、科普书刊，以帮助读者理解书刊内容，补充文字难以表达意思的图画。科技书刊中的插图，它是在科学技术持续发展并对人类社会发生影响的过程中产生的。从根本上说，技术性插图表现的是真实的自然界，其功能是传达自然界的信息、解释和反映自然界的现象。

图4-9 技术性插图

技术性插图种类繁多，几乎涉及各种自然学科，如解剖学插图、物理学插图、光学插图、电路电子插图、生物学插图、植物学插图等，此外，科普出版物中的插图也属技术性插图（图4-9）。技术性插图反映的是自然科学中真实和最重要的部分，它往往省略掉混乱和不重要的部分。因此，真实、简洁、有条理是技术性插图的特点。技术性插图可分为多种类型，如示意图、仿真画、照片、图解、图表，以及机械图、原理图、结构图、生物图、地理地形图等。一般由专业绘图人员绘制，或用电脑制作，或通过照相、复印等手段拍摄或复制。此类插图在表现手法上应力求清楚准确，说明问题，它与文学性插图是完全不同的。故有人据此认为，画文学性插图是高级劳动，而画技术图解性插图则没有多少艺术性。实际上，这是一种偏见，技术性插图需要简要地、着重地把握事物特征，而摄影图片无法省略掉混乱和不重要的部分，那些多余的细部只会混淆读者视觉，使人感到混乱不堪。因此，照片永远无法替代技术性插图。技术性插图同样可以在形式上和技巧上加强艺术性，有些令读者爱不释手的科技书籍中的插图，也有很高的艺术性。

三、版式设计

版式设计，是指书籍正文的全部格式设计。一般而言，除封面、环衬和扉页之外，前言也包括在其中。

1. 版式设计三原则

①可读性，即让读者能按顺序读懂内容。
②易读性，即减轻读者视觉疲劳。
③可视性，即能调动和唤起读者的视觉兴趣和美感。

2. 版式设计的整体构思

对书稿进行宏观设计或总体设计的思考过程称为版式设计的整体构思。设计者要根据图书类别、书稿内容、读者对象、图书价值等多种因素进行设计。在对开本、目录、扉页、正文、版权、封面以及印制材料进行设计时，必须体现书稿的内容和风格，突出书稿的特点，并通过这些方面去确立书籍的艺术形象，从总体上反映和把握图书的外在形态特色（图4-10）。

图4-10 《2007年最佳荷兰图书
设计》(*The Best Dutch Book Designs
2007*)[设计师：英格博格·舍费
斯（Ingeborg Scheffers）]

　　版式设计最重要的是强调焦点和视觉上的主次关系，统一与平衡。强调焦点，就是要在页面上做出一块令人感兴趣的地方。在版面的安排上，一些重要的文章和图片应放在视觉中心位置，根据版面设计风格的不同，可以放在顶部、左边、右边、中部等较明显的位置，视觉中心以外的地方就可以安排那些稍微次要的内容。统一是组版的目标之一。统一就是要让读者看到一个整体。在安排上应大小搭配，相互呼应，使页面错落有致，避免重心偏离。通过对齐、分格、重复等方法，可以取得视觉上的平衡与统一。注意版面的色调也是关键之处，主色调、图像与排列方法，三者相辅相成，缺一不可。色彩在版面设计中占有重要的位置，确定一个主色调，再辅以其他色彩搭配。应尽量避免使用过于艳丽的颜色，可以用白色为主色调。处理好图像与插画会在版面中起到画龙点睛的作用。

（1）版心

每幅版式中文字和图形所占的总面积被称为版心。版心之外有天头、地脚，左右称为内口、外口。中国传统的版式天头大于地脚，以便读者作"眉批"之用。西式版式从视觉角度考虑，天头相当于两个地脚，外口相当于两个内口，左右两面的版心相异，但展开的版心都向心式集中，相互关联，有整体紧凑感。目前国内的出版物版心基本居中，天头比地脚、外口比内口略宽，但有的前言和正文第一页留出大量空白。版心靠近版面外口或下部。版心的确定，设计者要考虑装订形式，锁线订、骑马订与平订的书，其里边的宽窄也应有所区别，不能同样对待。版心的大小根据书籍的类型来确定：画册、影集为了扩大图画效果，宜取大版心，乃至出血处理（画面四周不留空间）；字典、辞典、资料参考书仅供查阅用，加上字数和图例多，并且不宜过厚，故扩大版心缩小边口；诗歌、经典文学作品则应取大边口小版心为佳；图文并茂的书，图形可根据构图需要安排大于文字的部分，甚至可以跨页排列和出血处理，并使展开的两面取得呼应和均衡，让版面显得生动活泼，给人的视线带来舒畅感。

（2）纯文字的版式

对于纯文字的版式设计，只能在篇或章节的大小题目与正文的编排上进行美化，如对各级标题的字号、字体的选择，或横排，或竖排，或加花线、直线、网纹、尾花等。同时，还可以利用二级标题、三级标题在正文内装饰，从而使整个书刊的版面充满情趣、美观醒目（图4-11）。

（3）有图的版式

对于有图的版式，在表现形式和编排技巧上可以有较为丰富的变化，插图除了占满版的插页外，在版面的上、下、左、右、横、竖位置上均有编排的广阔空间（图4-12）。插图在版面内如何布局，如何在整个版面上找到图与文字各自的准确位置，如何做到图文并茂、赏心悦目，这是版式设计者在版面形成之前的构思过程中首先要考虑的问题。

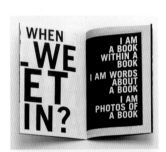

图4-11 《我是你》（*I Am You*）
［设计师：艾伦·潼州·赵（Ellen Tongzhou Zhao）］

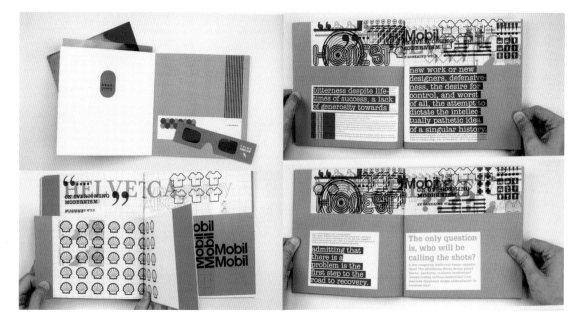

图4-12 《宏观与微观》(*Macro Micro*)（设计：Undoboy设计工作室）

3.版式设计色彩结构三元素

书籍版式设计色彩结构三元素指书刊版式设计色彩结构中的黑、白、灰三元素。

（1）黑

黑是书刊版式设计中色彩结构最主要的构成元素，色彩学称为"极色"，是一种无彩色。黑色由减色三原色红、黄、蓝三色等量叠加而成，故包含着色彩的一切基因。黑色因完全不反射光线，所以在心理上有着夜晚的沉静感，在视觉上是一种消极性的色彩。版面设计中的黑色可分为黑色的点、黑色的线、黑色的面等。黑色的点有大小之分，大的黑色的点由大号黑体字形成，小的黑色的点由小号黑体字形成。黑色的线有两种形式：一种是由黑体字连续排成的行，字号的大小形成黑线的粗细变化；另一种是指装饰线中的"镜像"。黑色的面构成形式较为多样，由黑体字排成的栏能形成黑色的面，低调照片、黑底反白字的版题，以及黑白版面图形等，均可形成黑色的面（图4-13）。版面因为有了黑，才具有浓重、强烈、庄严感，呈现阳刚之美。版面上没有黑色，其他色彩就会无法构成。

（2）白

白是书刊版式设计中色彩构成的一个基本构成元素，属无彩系。"白"存在于书籍整个版面的字间、行间、栏间，以及正文与标题之间、标题的四周、插图的四周、栏头的四周等。"白"

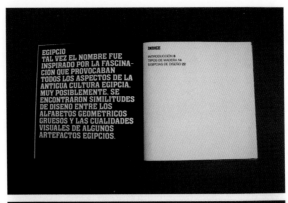

与"黑"在版面上是两种极色，既相互排斥，又相互依存，没有白，就无所谓黑。书籍版式设计要"以白托黑""以白显黑"。如果"白"太少，版面必然气促、拥挤、闭塞，使读者心里烦躁，眼睛疲劳。因此，在版面设计中，既要有合理的白色空间，又要有适当的黑色实体，使读者的头脑和眼睛均获得短暂的休息，以此减轻读者精神和视觉的疲劳，并使版面呈现出一种爽目、清新的美感（图4-14）。

（3）灰

灰也是书籍版式设计中色彩构成的基本构成元素之一，灰色是介于黑白之间的中性色，是一种无特点的平淡的无彩色系。灰色与黑白两色有着极为不同的个性。色彩学中，在由黑过渡到白的序列等级的多层感觉中，可以分辨的灰已有几百种之多。因此，版面上的灰色并不是单一的，可分为灰色的点、灰色的线、灰色的面等。一个灰色的点（字）形成一条灰色的线（行），众多灰色的线（行）又形成灰色的面（栏）。灰色的面也分为"虚面"和"实面"两大类。版面上灰色的"虚面"是书籍版式设计的主体，它既是由点（字）密集而成，又是线（行）移动的轨迹。而版面上灰色的"实面"则是由高调摄影作品或线描插图构成的。宋体字是较深的灰色，仿宋体则是淡灰色。用不同字体排列成的行和面在版面上形成各种深浅的线与面。灰色在版式设计中的运用，既有变化，又要起稳定的作用。设计者要认真处理好黑、白、灰三者之间的结构关系，作为一个整体来设计（图4-15）。

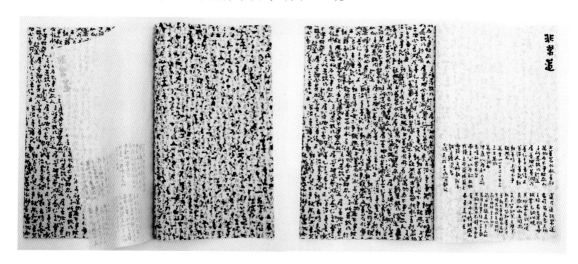

图4-15 《字象乾坤》（设计师：韩家英）

4.版式设计中的形式美规律

书籍的版式设计作为一种造型艺术手段，版面文字与文字、文字与图形、图形与图形组合过程中，设计者要遵循一定的形式美规律，运用形式美法则来美化版面。版式设计中的形式美规律主要有如下四种。

（1）对比

对比是在整体中强调局部的差异性的比较，运用对比原理是版面设计手法之一。版式中文字与行距（黑白）是人们经过无数次尝试摸索出来的规律性的经验，因此，版面编排应疏密适中，对比要力求适宜人们的视觉。如果版面排得过密，缺少空白和亮度，就会弱化对比度，使版面变成黑乎乎的一片。不论是版式的字距和行距的安排，还是标题字体字号的选用，以及文中插图和照片的黑白变化编排，都要注意拉开对比度，使版面产生"疏可走马，密不透风"的对比效果，以获得格调清新悦目的视觉效果。

（2）层次

层次是连续出现的近似形象的变化而表现出的同方向的递增或递减效果。在版面设计中，有满版底纹的过渡，也有小面积的点、线、面的过渡。在彩色版面中，使用颜色的中色系以形成过渡层次（图4-16）。在标题字体的运用上，用字体字号的不同来形成过渡，表现出层次感。如一级标题是黑体，二级标题是宋体，三级标题则是楷体或仿宋体，利用字体笔画粗细的不同，由重至轻，呈现出层次的变化。点线面的层次、字体大小、形体变化的不同来表现版面上层次美感。

（3）均衡

均衡是支点两边形象的形状相异而量感等同所呈现的形态。均衡是版式设计中的常用原理之一，目的是达到版面视觉形象稳定。如标题的字号不宜过大，量感偏重的大字号必须与正文保持一段距

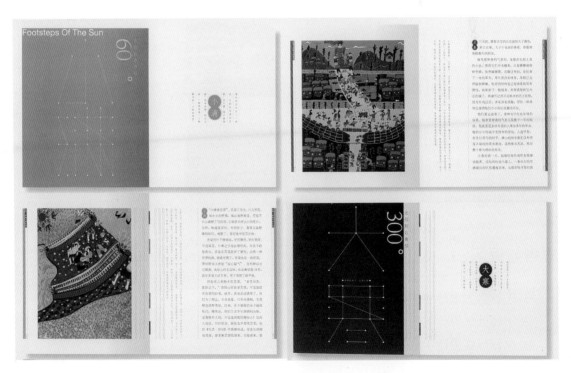

图4-16 《光阴：中国人的节气》（设计师：朱赢椿）

离；插图或套文排，或出血排，或居中排，要视版面的需要而定，巧妙地运用均衡原理，避免版面视觉形象的比重偏高或偏低现象。

（4）变化与统一

变化与统一是在协调中寻求丰富多样，寻求和谐的美。变化和统一的原则，在版面设计中具体表现为虚实、疏密、松紧、黑白、大小、浓淡等形态之间的矛盾与统一，形成了"你中有我，我中有你"的矛盾统一体。如正文文字为密集，小面积的标题为空疏，它们的有机结合就形成了疏密格局。

此外，版式设计的形式美规律还有比例、对称和节奏等原理（图4-17）。在具体的版式设计过程中，对上述原理一般是有所侧重、灵活运用的。

图4-17 《混设计》（设计师：赵清）

思考与练习

1. 书籍版面设计中有哪几种版面类型？
2. 书籍版式设计的三原则是什么？
3. 书籍版式设计中的形式美规律都有哪些？
4. 完成一本概念书内页版式设计的草图。

项目五

书籍电子稿制作

在学习了书籍的形态设计、封面设计、内页版面设计的内容并掌握了Adobe InDesign排版软件的基本操作方法以后，就可以进入书籍电子稿制作阶段了。

本项目主要是针对书籍设计程序和书籍电子稿的制作流程这两个任务的学习。

任务1　书籍设计程序

本任务要求学生熟悉传统书籍的设计程序，掌握概念性书籍的设计程序，并能完成一本概念图书的整体设计。

一、传统书籍的设计程序

1. 阅读原稿

审读图书的内容，与作者、责任编辑沟通交流，提炼图书的主题思想，体会其精神内涵，为"立意"做准备。

2. 搜集素材

围绕此书的主题准备有关的绘画、摄影、图形资料。

3. 选择工艺

选择印刷工艺，视需要及成本决定采用何种印刷方法。

4. 设计初稿

经过立意构思，设计书籍的封面及内页版式，要服从整体设计要求。

5. 设计稿送审

将书籍封面及内页版式设计稿送审，经出版社"三审三校制"审稿修改后定稿。

6. 制作正稿

制作书籍封面和内页正稿，检查保证准确无误，交制版公司制版并彩色打样。

7. 校对

发稿、制版打样后，须针对打样稿仔细检查校对，及时更正误差，以保证书籍的品质。

8. 交付印刷

经过修改后的校样稿经设计者、责任编辑确认并签署意见后，交印刷厂正式开机付印。

二、概念性书籍的设计程序

1. 选题

概念性书籍的内容和表现形式不受限制，任何主题都可以成为一本书。

2. 搜集素材

根据选题搜集相关图片、文字资料。

3. 立意构思

通过且不限于对书籍的造型、材料、尺寸、装订方式、封面字体、版面风格等多方面的构思，对书籍整体设计进行规划并绘制草图。

4. 电子稿设计

制作书籍封面及内页的电子稿。

5. 打印

准备好所需的书籍材料，选择适合的打印方式打印书籍可印制的部分。

6. 装订

根据预先构思好的装订方式，如在打印公司无法实现的，可以选择自己手工装订。

7. 整体加工

将不能参与印制的书籍材料在装订过程中或装订完成后手工固定在书籍封面或内页中。概念性书籍设计往往在造型、尺寸、材料等整体形态设计上更能推陈出新（图5-1~图5-14）。

图5-1 《长发公主》（*Rapunzel*）形态和材料的突破［设计师：丹尼斯·袁（Dennis Yuen）］

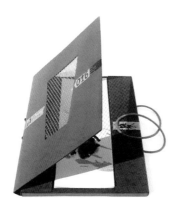

图5-2 《100种粉末》（*Dust* 100）［设计师：高桥善丸（Yoshimaru Takahashi）］

图5-3 夹心饼干笔记本（Cookie Bookie）［设计师：德格夫（Daycraft）］

图5-4 水果笔记本（Juicy Fruit）［设计师：德格夫（Daycraft）］

图5-5 *A. T. Twardowski. Vasily Terkin*袖珍书［设计师：安纳托利·伊凡诺维奇（Anatoly Ivanovich Konenko）］

图5-6 *Woyzeck-A Tupographical Staging*（设计师：雷子彬）

图5-7 *Liber Maris Borealis*立体书［设计师：菲利克斯（Felix Donkevitch）］

图5-8 《7-100》书籍切口设计［设计师：迭戈山谷（Diego Valle）］

图5-9 《Zlin青年沙龙》（*Zlin Youth Salon*）书籍切口设计［设计师：卢卡基琼卡（Luká Kijonka）、迈克尔·克鲁尔（Michal Krul）］

图5-10 《现今数字建筑》（*Digital Architecture Now*）书籍切口设计［设计师：杰里米·法西奥（Jeremy Fassio）］

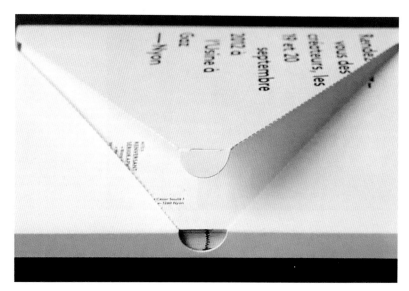

图5-11 《翻转的书》（*The Reversed Book*）书函设计［设计师：大卫·扎诺，尼农·卡里尔（David Zahno, Ninon Carrier）］

图5-12 《虫子旁》护封设计（设计师：朱赢椿）

图5-13 《31.05.13》特殊材质书籍设计［设计师：阿里埃姆雷多格拉骑（Ali Emre Dogramaci）］

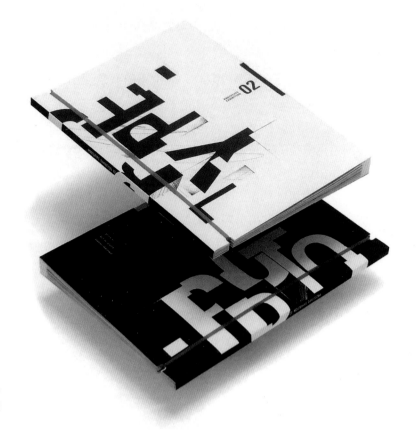

图5-14 《原型展览02》(*Prototype Exhibition* 02) [设计师：中野豪雄 (Takeo Nakano)]

任务2　书籍电子稿的制作流程

　　本任务要求学生熟练掌握对原稿的数字化，能够严格按照书籍电子稿的制作流程进行操作，并严格把控印前输出环节的检查、校对和输出工作。

一、原稿数字化

1. 文字数字化

　　对于文字的数字化，一般比较简单，除了手工键盘输入外，还可以采用文字识别等设备，不过文字识别软件和仪器对于被识别文字本身的清晰度和可识别性有一定的要求。好在现在文字输入已经基本普及，各种文字编码系统和字库也都比较完善，所以对于设计师来说，文字的处理已经不是很复杂的工作了。不过要指出的是，针对同时使用苹果系统和微软系统的用户来说，在用两种系统切换处理文本时容易出现字体无法识别或乱码等问题，在更换系统或者将文本输入排版软件时最好仔细检查文本文件，以免出现错误。

2. 图像数字化

图像的数字化可以有多种方式，最常用的就是使用数码相机和扫描仪进行图像的采集和输入。

（1）数码相机

数码相机采集的图像用于印刷时，需要注意图片的质量。首先，数码相机的性能以及摄影者的技术水平决定了图片的质量，使用性能较好的相机，在图像清晰度和色彩还原性上就会有较好的表现；其次，要注意拍摄照片的像素值的设置，像素值太低的图片往往不能放大，即使放大，也不能达到印刷的要求；再次，数码摄影对于暗部和高光的层次记录可能会力不从心，所以对于摄影者来说，正确把握光线的强弱和角度、控制曝光值也相当重要；最后，捕捉生动有趣的瞬间，采集尽可能多且精的图片对于书籍的质量提升也有很大帮助，素材的丰富和优秀会为书籍设计提供更多的灵感和可能性。

（2）扫描仪

使用扫描仪来完成原稿的扫描工作是比较稳妥的方式。扫描图像时，一定要计算好所需图像的大小，然后决定用多少精度来扫描。大多数人认为印刷图像的精度要求是300dpi，所以扫描就用300dpi。其实不完全是这样。首先，确定需要的图像大小，然后，根据所需的图片大小计算出要扫描图像的缩放比例，将要印刷图像的网屏线数的两倍乘以缩放比例，就是扫描需要的图像精度。对于印刷品的扫描，最好选择有去网功能的扫描仪，如果扫描仪没有去网功能，可以通过图像处理软件去网。

（3）电分

如果原稿的尺寸较大，又要得到较高质量的数字图像，最好使用滚筒式电子分色扫描仪进行扫描。由于它的扫描原理和四色印刷的原理相同，不会造成太大的偏差，并且容易调整，所以已经成为高质量印刷的必要流程。

（4）色彩还原

由于普通扫描仪的色彩控制原理和印刷色彩原理存在差距，容易产生色彩偏差，所以在扫描之前也可以通过对原稿色彩和明暗层次的分析，有针对性地分通道设置扫描仪的信息，并且在扫描之后用图像处理软件分析图像各通道的明暗、层次以及色彩的平衡，通过反复校准使图像准确还原。

二、书籍电子稿制作

1. 书籍封面制作

①确定封面展开图的尺寸，包括封面、书脊、封底、勒口等（含出血位尺寸）（图5-15）。

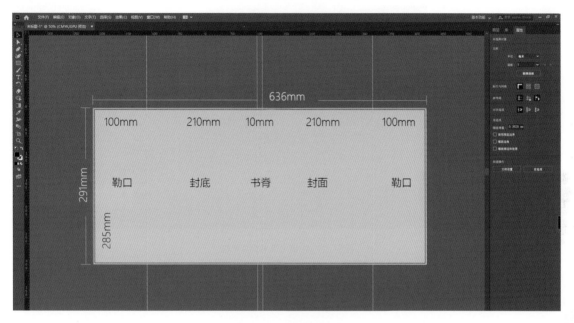

图5-15 封面展开图制作

②确定书名（副标题）、作者、出版社等文字内容。

③确定封面的色调、色彩搭配。

④将出现在封面中的位图修图并设置好尺寸，确保在封面中所需图片的大小能满足300dip的印刷要求。

⑤在封面上展开字体、图形、编排设计。

2. 书籍内页制作

①根据书籍的体例，把书稿的序言、目录、正文各章节、图片、后记、附录、版权页等排定次序，组成全书总的结构。

②设计版面的网格。

③标明各部分文字：标题、正文和注释等的字体、排法，书眉、页码的字体、位置等。

④将出现在内页中的所有位图修图并设置好尺寸，确保在内页中所需图片的大小能满足300dip的印刷要求（图5-16）。

⑤根据封面的元素、风格和色调，在内页中展开图文编排设计。

图5-16 设置内页图片分辨率

三、印前输出

印前输出作为书籍电子文件制作的最后一个步骤是将编排好的书籍文档输出，准备出片印刷。这一步看似简单，却十分重要。首先，要了解印刷使用的基本格式，这直接关系到印刷的效果；其次，在出片以前最后检查全部文件，确保万无一失；最后，做好和责任编辑、印刷厂商以及客户方的沟通，明确各部分责任，毕竟出片印刷后就发生了经济费用，所以设计师不可自作主张。

1. 印刷文件格式

可以用作印刷的文件格式一般为TIFF、EPS、PDF三种。

（1）TIFF 格式

TIFF格式的全称是Tagged Image File Format，意为带标记的图像文件格式。这种文件格式不仅支持多种图像模式，而且在大部分图形图像和排版软件中都可以方便地修改和保存。由于保存了文件中最大数量的信息，所以这种格式的图像文件一般都很大。另外，这种格式还支持多图层以及Alpha通道，是印刷中应用最为广泛的文件格式。

（2）EPS 格式

EPS格式的全称是Encapsulated PostScript，也称为封装的PostScript格式，是另一种重要的印刷用文件格式。这种格式最大的特点是它不仅支持位图的印刷，而且支持矢量图的印刷。用CorelDraw或者Illustrator创建的矢量图形保存成EPS格式，可以实现图形大小的无限制缩放，不受分辨率的制约。而且，这种格式也支持透明背景，可以导入页面排版软件中，不会对其他内容造成影响。此外，这种格式的文件量较小，适合大型图形的印刷。然而，EPS格式的图像在排版软件中往往只能以低分辨率图显示，对及时查看版面效果有一定影响。

（3）PDF 格式

PDF是一种灵活的、跨平台、跨应用程序的文件格式。它基于PostScript成像模型，精确地显示并保留字体、页面版式以及矢量和位图图形。PDF还支持16位通道的图像。PDF和EPS格式一样，一旦创建并储存PDF后，就很难编辑修改，所以在全部文件制作完毕不需要任何改动的时候，可以选择这种格式输出。

2. 检查、校对和输出

在输出文件之前，必须仔细检查书籍设计的电子文件。制版单位希望设计师交付无须修改的TIFF或者PDF格式的文件，这样可以节省很多时间，同时也可以不用承担印刷中的风险。设计师交出的电子文件在印制过程中如果出现内容上的问题，就需要自己承担责任。所以，最为稳妥的办法是先数码打印出一份完整的样书，把样书实物和所有电子文件包括PDF文件、源文件、链接图片、字体等一同提交制版单位。

在检查校对的时候主要注意以下几个方面：

（1）图片格式

所有图片的格式应该都是可以印刷的格式。

（2）图像模式

图像模式不能是RGB模式，要选择CMYK模式。

（3）分辨率

所有图像的分辨率都应该达到印刷要求，而不要将缩略图和最终成书的图片混淆。

（4）出血位

确保已设置出血，裁切线的位置标法正确。

（5）校对文字

对于文字较多的书籍来说，确认文字正确也需要大量的工作和认真的检查，因为错误较容易产生，检查也容易出现疏漏。

（6）字体

检查全部文字，确认出片制版公司可以正确显示所有字体。如果在书籍设计中使用到非系统字体或者涉及跨系统平台的操作，最好的办法就是将字体转为曲线或者打散为图形。如果是Adobe InDesign制作的文件，可以提前设置透明度拼合预设，防止字体缺失。

（7）链接图

如果是以图像链接的形式完成的文件格式，如PageMaker、Adobe InDesign的输出文件，应确保所有链接图像的正确，并将这些文件一并发给制版公司。

（8）软件版本

如果需要向制版公司提供所有电子源文件，为了避免软件不同版本兼容性的问题，提前将所有电子源文件存储为低版本格式。

思考与练习

1. 概念书的设计与制作流程是什么？
2. 书籍电子稿在输出前的检查校对时需要注意哪些方面？
3. 完成一本概念书的封面和内页的电子稿制作。

项目六
书籍的材质

随着印刷技术和工艺的发展，许多材料被广泛应用在书籍设计和制作中，使得书籍不仅在形态上更加多样化，在质感上也更显丰富。同样，这也给书籍设计师提供了更大的创意空间。在书籍诞生之初，也经历了各种材质，龟甲、兽骨、青铜器、竹简、木牍、缣帛、羊皮，每一种材质在书籍历史上都留下了深深的印记。虽说现在它们已经被纸张代替，但是，作为装饰或包装手段，这些材料以及更多的现代合成材料完全可以被运用到书籍设计中。只要符合书籍的整体格调，多维材料的使用应该是现代书籍设计者探索的一个领域。

本项目主要是针对书籍材料选择以及书籍印刷用纸这两个任务的学习。

任务1　书籍材料选择

书籍材料的质感可引起读者视觉和触觉的感受，平滑的、粗糙的、柔软的、坚硬的，这对于书籍设计来说十分重要。书籍阅读并非仅仅得到一般的精神满足，还可以凭借自身的感性体验去重新获得新鲜的感受，这就是材料的触觉感。

本任务要求学生了解书籍材料的分类、选择和把握。

一、书籍材料分类

1. 塑料

塑料是一种人工合成的高分子材料，具有良好的防水防潮性、耐油性、透光性、耐旱性和耐药性，制造成本低，加工质量轻，易加工，可着色，可进行彩色印刷。其中，常见的赛璐珞纸就是将透明塑料纸经过印刷后加以表面处理成为塑料薄膜。赛璐珞纸表面光亮，防湿性能好，多用于食品、纺织品、医药品、香烟、化妆品、机械零件、水果、海产品等包装。赛璐珞纸印刷通

图6-1 塑料材质的书籍护封设计

常以凹版印刷的方式为主，使用轮转凹印机大批量印制。在书籍中，塑料常用于封面、函套的设计和制作，具有透明、防水、光滑等特点（图6-1）。

2. 金属

在书籍设计领域，金属越来越多地被用作精装书籍封面和函套，但由于成本较高，使用还是很有限。金属印刷以金属板、金属成型制品、铝箔等印制材料作为承印物，材料主要有马口铁皮、锡钢板、锌铁板、黑钢板、铝板、铝与白铁皮复合材料等。由于金属材料质地坚硬，成型性能强，耐压耐磨，防水防潮，避光性能好，表面光亮，适印性强，加工工艺多样，可用于多种造型的产品包装和书籍封面（图6-2）。尤其适合密闭要求高的产品包装，具有很高的实用性和艺术性。由于铁皮有易生锈的缺点，而铝皮不仅具有近似铁皮的特性和印刷效果，而且具有质量轻、易加工、不生锈等优点，因而被越来越多地应用于产品的包装。

图6-2 *Spoon*金属材质的书籍
[设计师：马克·迪亚珀（Mark Diaper）]

3. 纤维织物

纤维织物是应用较为广泛的印刷材料。通过型版、花筒或筛网等印版把色浆转印到纺织物上，形成各式各样的花纹图案，人们称其为印染，本质上也是印刷技术在印染行业的具体应用。20世纪上半叶，近代丝网印刷技术从日本传入中国，主要用于丝绸等织物的印染。20世纪50~70年代，织物以滚筒印花为主，70年代以后，网版印花技术得到广泛应用，同时出现了转移印花新技术。纤维织物的印刷更多地用于服装和染织行业，也用于精装书籍封面、包装等的印刷（图6-3、图6-4）。

图6-3 《发掘香港文化遗产》以编织袋材料和形态作为封面的书籍设计

图6-4 《刘小东：青藏铁路与北京女孩》以编织物为外包装的书籍（设计师：王序）

4. 纸

纸张是近代书籍的最佳材料，在书籍设计中的重要地位不言而喻。纸的美感在于它自然的痕迹——它的纤维质地、气息韵味，会给阅读增添无穷享受的气氛，更能在阅读的过程中享受视、触、听、嗅、味五感融合之美（图6-5）。在如今的电子时代，纸张给人带来的阅读上的亲近感是其他阅读方式无法替代的。纸张的魅力还体现在力与美的交融，珍藏几百年甚至上千年的古籍、古书画仍在散发着原作墨迹彩绘的光彩，后人可以尽情观赏。纸张作为书籍设计表现的重要载体，如同大自然中一片广博的大地，其所拥有的或外露、或内敛、或粗放、或细腻的质感肌理和情感色彩，包容着深置其上的文字和图像，带给读者无尽美的联想和享受（图6-6）。

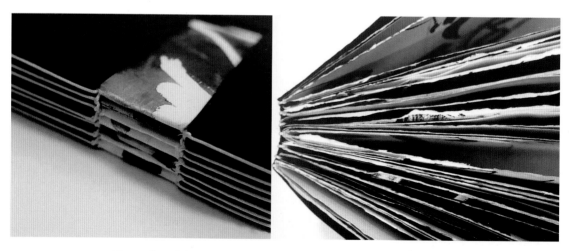

图6-5 《黑书》（*Black Book*）[设计师：玛尔塔·柯蒂斯（Marta Cortese）]

图6-6 《点穴：隋建国的艺术》锡纸为书函包装的书籍（设计师：王序）

二、书籍材料的选择和把握

材料作为书籍设计师传达内容信息的"手段"，必须在书籍设计精神的指导下，为表达内容服务。书籍所采用的材料视内容而定，精贵不一定最佳，质朴也未必差。因此，只有适宜到位才能使材料得以展现优良的功能。"天有时、地有气、材有美、功有巧，合此四者才能为良"。

在设计时，材料选择是设计工作的一部分，既不能随意而行，也不可施以过多的人为加工，不然会破坏其原有的魅力，从而降低美的程度。不了解材质的语言、表情、性格，就谈不上把握好内容和材料之间的分寸，并通过恰如其分的艺术手段来充分显露出材料的自然之美。在选择材料时，应遵照以下原则。

①把握材料的视觉感受和触觉经验感受。

②把握材料的性格与表达内容的统一性。

③纸张材料的多样组合，对比统一。

任务2　书籍印刷用纸

本任务要求学生掌握印刷用纸的分类，纸张的规格定量，包括不同印刷纸张的特性，纸张的令重、印张的计算等内容。

一、印刷用纸分类

印刷纸张分类很多，一般分为涂布纸、非涂布纸。涂布纸一般指铜版纸和哑粉纸，多用于彩色印刷；非涂布纸一般指胶版纸、新闻纸，多用于信纸、信封和报纸等的印刷。印刷常用纸张有新闻纸、凸版纸、胶版纸、铜版纸、哑粉纸、特种纸等。

1. 新闻纸

新闻纸又称白报纸，主要用于报纸和期刊的印刷。这种纸的特点是质地松软、吸墨性好，表面平滑不起毛；但抗水性差，由于纸张内部的木质素原因，在日光暴晒下易发黄、变脆。

2. 凸版纸

凸版纸主要用于书籍、杂志的印刷，特别适合重要著作、科技图书、学术刊物、大中专教材等正文用纸。这种纸的特性与新闻纸相似，但又不完全相同。凸版纸质地均匀、不起毛、略有弹性、不透明，机械强度较好，其吸墨性虽然不如新闻纸好，但具有吸墨均匀的特点，抗水性能和纸张白度均好于新闻纸，且不易发黄变脆，纸质比新闻纸要好。凸版纸属于非涂布纸之一，胶印和铅印均可。

3. 胶版纸

胶版纸主要用于印刷书刊及杂志封面、杂志插页、画报以及地图等。这种纸纸面平滑、质地紧密不透明、厚度均匀、色泽洁白、抗水性能好，适于胶印及彩印。胶版纸属于凸版纸之外另一种非涂布印刷用纸，有单面胶版和双面胶版两种。

4. 铜版纸

铜版纸又称涂布纸，适于印刷画册、封面、书刊插页、年历、贺卡、明信片、精美的产品样本以及彩色商标等。这种纸是在原纸（胶版纸、凸版纸）表面涂布一层白色涂料，然后再经过压光或超级压光而成的高级印刷纸张。纸面平滑，厚度均匀、色泽洁白、纸质纤维分布均匀、伸缩性小、抗水性强、对油墨吸收性和接受状态良好。

5. 哑粉纸

哑粉纸即无光铜版纸（指表面平滑地降低了光泽度的铜版纸），近几年也常被用于印刷画册、杂志，给人以典雅的感觉，因无高光刺激，眼睛不会感到疲劳，不影响长时间阅读。

6. 特种纸

特种纸是经过专门加工适合特殊用途的纸张，如牛皮纸、拷贝纸、画报纸、书面纸、压纹纸、字典纸、毛边纸、书写纸、打字纸、白板纸、铝箔纸、证券纸等。另外，以聚丙烯和无机填料制成的耐用、防水的新型合成纸也被广泛应用于各种印刷品中，由于这种纸张的制造不需要天然纤维，有利于环境保护，也是很有发展前途的印刷用纸。

二、纸张的规格定量

1. 印张

印刷机在全开纸上印一个面为一个印张，在全开纸的正反两个面印出的印刷品为两个印张，1令纸可以印1000印张。

印张=总页数÷开本数

例如：某出版物的开本为32开，总页数224页，则印张数为7印张，也就是一本书需要用3.5张全开纸双面印刷（图6-7）。

2. 定量

纸张的厚度，通常以定量和令重两个指标来表示。定量又称克重，就是纸张每平方米的重量，以克/平方米（g/m^2）表示。令重表示每令纸张（500张）的总重量。常用纸张重量换算要根据纸张尺寸和定量来计算。

计算公式如下：

令重（kg）=纸张面积（m^2）×500张×定量（g/m^2）÷1000

根据以上公式计算，以787mm×1092mm规格的纸为准，克重为80g的双面胶版纸每令重34.38kg。

思考与练习

1. 选择书籍材料的原则是什么？

2. 如何计算纸张的令重？

3. 如何计算一本书的印张？

4. 去市场实地接触并感受各种书籍用纸的厚度和质感，准备概念书所用的材料。

图书在版编目（CIP）数据

南极 /〔爱尔兰〕克莱尔·吉根著，姚媛译. —— 海口：南海出版公司，2018.1
ISBN 978-7-5442-6316-0

Ⅰ. ①南… Ⅱ. ①克… ②姚… Ⅲ. ①短篇小说-小说集-爱尔兰-现代 Ⅳ. ①I562.45

中国版本图书馆CIP数据核字（2017）第237935号

著作权合同登记号 图字：30-2017-140

ANTARCTICA by Claire Keegan
Copyright © 1999 BY CLAIRE KEEGAN
This edition arranged with CURTIS BROWN-U.K
through BIG APPLE AGENCY, INC., LABUAN,MALAYSIA.
Simplified Chinese edition copyright:
2017 Thinkingdom Media Group Limited.
All rights reserved.

南极

〔爱尔兰〕克莱尔·吉根 著
姚媛 译

出　版　南海出版公司　（0898）66568511
　　　　　海口市海秀中路51号星华大厦五楼　邮编 570206
发　行　新经典发行有限公司
　　　　　电话(010)68423599　邮箱 editor@readinglife.com
经　销　新华书店

责任编辑　翟明明
特邀编辑　李怡霏
装帧设计　李照祥
内文制作　王春雪

印　刷　山东鸿君杰文化发展有限公司
开　本　850毫米×1168毫米　1/32
印　张　6
字　数　121千
版　次　2018年1月第1版
印　次　2018年1月第1次印刷
书　号　ISBN 978-7-5442-6316-0
定　价　45.00元

版权所有，侵权必究
如有印装质量问题，请发邮件至 zhiliang@readinglife.com

图6-7　印张和页数的关系

项目七
书籍印刷

当书籍的电子稿制作完成以后，就可以进入书籍打样和印刷的环节。人们常常把原稿的设计、图文信息处理、制版统称为印前处理，而把印版上的油墨向承印物上转移的过程叫作印刷，印刷完成后的加工叫作印后，这样就完成了整本书籍的印刷工艺的过程。

本项目主要是针对印刷色彩、印刷方式和印刷后道工艺这三个任务的学习。

任务1　印刷色彩

书籍在印刷之前，必须经过不同的色彩空间的转变，最终变成印刷所需要的色彩空间，在这一过程中，了解各种色彩空间的关系和印刷色彩的原理是相当必要的。

本任务要求学生掌握RGB和CMYK两种色彩模式、专色以及色卡等内容。

一、RGB色彩模式

光和色有着不可分割的密切关系，光是产生色的原因，色是光被感知的结果。在物理学上，光是一种客观存在的物质，是属于一定波长范围内的一种电磁辐射。其中，波长为380~780μm的电磁辐射能引起人们的视觉，称之为可见光。1666年，英国物理学家牛顿做了一个著名的实验：他用三棱镜将太阳的白色光线分解成红、橙、黄、绿、青、蓝、紫色彩带。由此试验，牛顿推论太阳光是由这七种颜色光混合而成的复合光。物理光学实验证明：红、绿、蓝三色光不是其他颜色光线可以混合出来的，并且用这三色光可以按不同比例混合出几乎自然界所有的颜色。而RGB模式就是由红（Red）、绿（Green）、蓝（Blue）三原色光的显示原理生成的一种光色彩模式。这种色彩模式就是我们所用的图像输入设备、桌面出版系统以及屏幕软打样的色彩显示方式，也是光的色彩空间。RGB色彩模式不是印刷色彩的空间，但和印刷色彩息息相关（图7-1）。

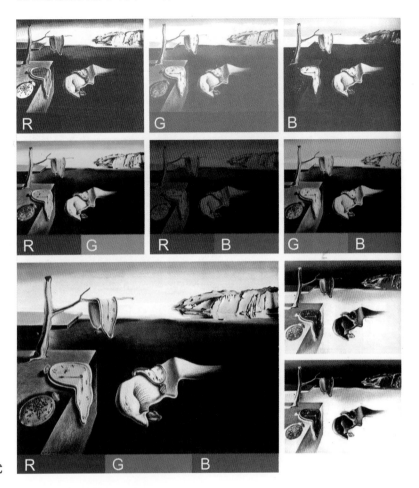

二、CMYK色彩模式

CMYK是四色印刷的英文缩写，分别代表着青（Cyan）、品红（Magenta）、黄（Yellow）、黑（Black）四种色料的颜色。按照色彩学原理，青、品红、黄三色就可以混合出丰富的色彩，但由于颜料的性能、承印物的特点、光线的漫反射等因素，用这三种色彩往往很难还原灰、黑层次，需要添加一个黑色版，使色彩层次更为丰富，清晰度更高。通常，四色的印刷顺序是：黑、青、品红和黄。由于这四种颜色具有很好的混合性能，可以复制出相对丰富的色彩来，所以成为印刷的四种原色料（图7-2）。

然而，比起RGB色彩的空间来，印刷的色彩空间还是比较有限的。这就是说，大部分四色印刷的色彩都可以显示在屏幕上，

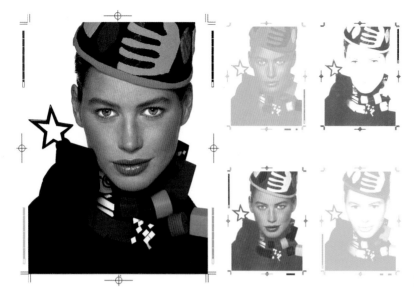

图7-2　CMYK色彩模式

而屏幕上的色彩未必都可以印刷出来。所以，千万不要盲目相信屏幕上的颜色效果，即使将RGB色彩模式转变为CMYK模式，屏幕上的色彩也是用色光模拟印刷的颜色。要想找到理想的色彩，还是应该依靠四色色标或者专色色卡（图7-3）。

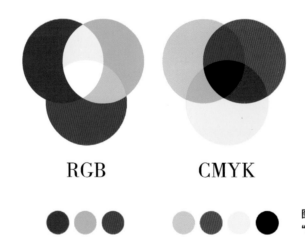

RGB　　　　　CMYK

图7-3　"RGB"和"CMYK"的对比示意图

三、专色

专色是指在印刷时，不是通过印刷C、M、Y、K四色合成这种颜色，而是专门用一种特定的油墨来印刷该颜色的单独色版。专色通常应用于大面积实底的色块或图形印刷，由于没有四色网点的叠加，颜色更加饱和，形状可以更加精细，表现力更强，也可以作为添加特殊色彩的表现手段，如金、银、白等色。在书籍设计中，如果有必要，可以尝试在几个特殊的印张中适当地运用专色，会给书籍增添意想不到的魅力。

　　潘通（Pantone）色就是国际通用的专色，潘通配色系统英文全称为Pantone Matching System，简称PMS，是全球通用的印刷、纺织、塑胶、绘图、数码科技等领域的色彩系统，已成为事实上的国际色彩标准语言（图7-4）。在世界各地，只要记下Pantone色卡上的编号，通过PMS就可以使用统一的Pantone色彩了。此外，根据PMS色卡上的配方就可以调配出相应的颜色。PMS色彩可以通过几种"标准"色彩的原墨混合而成，不仅包括四色印刷油墨，同时也包括了Pantone绿、紫、橘黄、宝石红和反射蓝等，能调配出的颜色远远超出CMYK四色混合所能达到的范围。所以，利用PMS调配出漂亮的专色，可以大幅增加书籍的美观和品质感。不过，Pantone专色的成本要比CMYK高许多。

图7-4　潘通2020年度流行色号

四、色卡

1. CMYK色卡

　　CMYK色卡即"四色印刷标准色谱"或"四色印刷配色指南"等的印刷色彩标准手册（图7-5）。这种标准色谱通常使用铜版纸或胶版纸，以175/英寸网屏线数的高标准印刷而成，通常会有浅

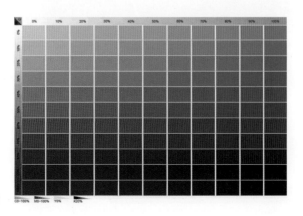

图7-5　CMYK色卡

色、单色、双色、三色、四色等配色系列，是我们进行色彩设计和制作的重要依据。

由于输入、显示设备的色彩空间是和印刷完全不同的RGB模式，而最终的色彩空间又必须转换成CMYK四色印刷模式，在转变过程中，不仅图像的色彩会发生变化，而且最终的CMYK色彩在屏幕中的显示也和印刷效果有差别，屏幕色彩往往比印刷出来的颜色鲜亮，尤其是蓝紫的颜色，所以必须借助色标来选择需要的色彩，并且根据色标对应的CMYK值来调整文件中的色彩值。

2. 潘通（Pantone）色卡

潘通色卡为国际通用的标准色卡。Pantone色卡大致可分为 Pantone印刷色卡，Pantone纺织色卡，Pantone 塑胶色卡和Pantone色卡相对应的一些仪器等。Pantone的每个颜色都有其唯一的编号，根据所掌握的编号可以准确地知道所需要的色卡种类。Pantone印刷色卡中颜色的编号是以3位数字或4位数字加字母"C"或"U"构成的，例如"Pantone 100c""Pantone 100u"或"Pantone 1205C""Pantone 1205U"等。字母"C"的意思表示这个颜色在铜版纸（Coated）上的表现，字母"U"表示这个颜色在胶版纸（Uncoated）上的表现。每个Pantone颜色均有相应的油墨调配配方，十分方便配色（图7-6）。

图7-6　潘通色卡

任务2　印刷方式

本任务要求学生了解传统和现代CTP两种制版方式，了解凸版印刷、凹版印刷、平版印刷和丝网印刷四种印刷方法。

一、制版

制版是把原稿复制成印版的统称。

1.传统制版

传统制版包括将铅活字排成活字版，以及用活字版打成纸型现浇铸成复制凸版和将图像经照相或电子分色获得底片，用底片晒制凸版、平版、凹版等一系列制版方法。常用的材料是预涂感光版，即PS（Presensitized Plate）版，是以薄铝板为支持体，涂以重氮感光树脂的一种非银感光材料。PS制版需要在PS版上晒菲林、使用感光制底片、拼版、晒版、PS版冲显等印前工艺。PS制版片基用久后容易产生老化，晒出的图文会发虚，不能反映出作品图片的细微部分，容易使印制品模糊不清。

2.CTP制版

CTP（Computer to Plate）制版是将电子印前处理系统或彩色桌面系统中编辑的数字、图片或者页面直接转移到印版的制版技术，即从计算机直接到印版，是印刷公司目前使用最多的一种制版方式。CTP制版是一种综合性的、多学科的产品，它是集光学技术、电子技术、彩色数字图像技术、计算机软硬件、精密仪器及版材技术、自动化技术、网络技术等新技术于一体的高科技技术。这种高科技技术省去了"胶片"这一中间媒介，使文字、图像直接转变成数字，减少了中间过程的质量损耗和材料消耗，节约了时间和空间，提升了制版效率，加强了对各印刷网点的控制，实现了精品印刷。

二、印刷方法

印刷的方法有多种，不同的方法，操作不同，印刷效果也不同。目前，我国使用的印刷方法主要有凸版、凹版、平版、丝网印刷四大类。另外，随着现代科技的发展，还出现了数码印刷、静电印刷、热印刷、喷墨印刷、磁性印刷、录音印刷、立体印刷等现代印刷工艺。

1. 凸版印刷

凸版印刷所用的印版，印纹高于非印纹。文字用铅字排版，特殊字体、图片、图表之类可使用照相制版方式制成锌版、铜版、铬等金属版，然后装在印刷机上进行印刷（图7-7）。

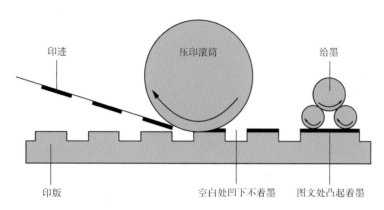

印迹

压印滚筒

给墨

印版　　　　空白处凹下不着墨　　图文处凸起着墨　　**图7-7　凸版印刷原理**

凸版印刷的优点是油墨浓厚，色调鲜艳，油墨表现力强；缺点是铅字不佳时影响字迹清晰度，同时也不适合大开本的印刷。凸版印刷适用于教科书、印刷数量较小的报纸、杂志、表格、小型包装盒、请柬、贺卡、名片、信封、信笺以及商品吊牌等。

2. 凹版印刷

凹版印刷印版的图文部分低于印刷版面。印刷时先把油墨滚在版面上，油墨落入凹陷的印纹处，随后将平面的油墨刮除干净，以防损坏凹陷部分的图文，然后，履纸、加压，使版面低凹部分的油墨移印到纸面上（图7-8）。

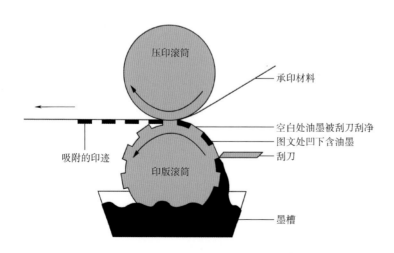

压印滚筒

承印材料

空白处油墨被刮刀刮净
图文处凹下含油墨
刮刀

吸附的印迹

印版滚筒

墨槽

图7-8　凹版印刷原理

凹版印版有照相凹版（影写版）、雕刻凹版、蚀刻凹版等方法。照相凹版除用于画报、画片的印刷外，已扩大到纸板、金属板、层合板、塑料薄膜和纤维织物等非纸张材料的印刷。雕刻凹版主要用于纸币、邮票等有价证券的印刷，其印版耐用率高，线条清晰，难以伪造和复制。

3. 平版印刷

平版印刷（胶版印刷）指印版的图文和空白部分在同一平面上，利用水油相拒的原理在印版版面湿润后施墨，只有图文部分能附着油墨，然后进行直接或间接的印刷（图7-9）。平版印刷是20世纪中期发展最快也是现代最主要的印刷工艺。平版印版主要有4开、对开，最大可为全开。

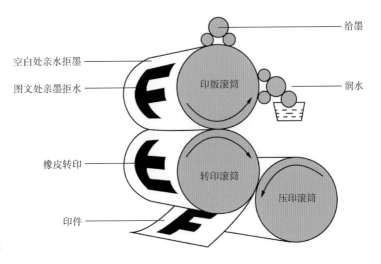

图7-9　平版印刷原理

平版印刷装版、套色准确，印刷复印容易，应用范围也较广，如海报、简介、说明书、报纸、包装、书刊、挂历以及其他大批量彩色印刷品。

4. 丝网印刷

丝网印刷也称"丝漆印刷"，它是孔版印刷的一种。把尼龙丝或金属丝网绷紧在框上，然后用手工镂刻或照相制版法，在丝网上制成由通孔部分和胶膜填塞部分组成的图像印版。印刷时，网框上的油墨在刮墨板的挤压下从通孔部分漏印在承印物上（图7-10）。

丝网印刷的优点是油墨浓厚，色调鲜丽，适用于任何材料的印刷，曲面上也可印制，多用于礼品印刷等。丝网印刷的应用范

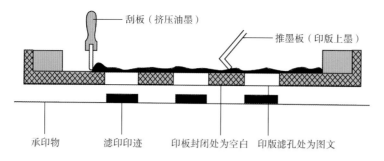

刮板（挤压油墨）

推墨板（印版上墨）

承印物　　　滤印印迹　　　印板封闭处为空白　印版滤孔处为图文　　　**图7-10　丝网印刷原理**

围有特殊印刷类、玻璃类、铁皮、金属板、花布、纸张印刷、其他立体面的印刷等。

任务3　印刷后道工艺

本任务要求学生了解印刷后道工艺的种类，包括上光、压光、烫金、"UV"、凹凸、模切等内容。

一、概述

书籍的印刷工艺是视觉、触觉信息印刷复制的全部过程，包括印前、印中、印后加工和发送等。即通过统筹、摄影、文字处理和美术设计、编辑、分色、制版、印刷、印后成型加工，按需求批量复制美术、文字、图像的技术。

印前指印刷前期的工作，一般指摄影、设计、制作、排版、制版等；印中指印刷中期的工作，是通过印刷机印刷出成品的过程；印后指印刷后期的工作，一般指印刷品的后期加工。

二、印刷后道工艺的种类

印刷后道工艺一般指对印刷完成后的半成品进行再加工的过程。常用的工艺方法有上光、压光、烫金、"UV"、凹凸、模切等。

1. 上光

上光是在印刷品表面涂上一层无色透明的涂料（或上光油），经流平、干燥、压光后，在印刷品表面形成一层薄且均匀的透明光亮层（图7-11）。上光包括全面上光、局部上光、光泽型上光、哑光（消光）上光和特殊涂料上光。上光的目的是美化印刷品，保护印刷品，加强印刷品的宣传效果和提高印刷品的价值。上光后印刷品表面更加光滑，使入射光产生均匀反射，油墨层更加光亮，对纸张的表面进行保护处理。

图7-11 上光工艺

图7-12 烫金工艺

2. 压光

压光是上光工艺在涂上光油和热压两个机组上进行。印刷品先在普通上光机上涂布上光油，待干燥后再通过压光机的不锈钢带热压，经冷却、剥离后，使印刷品表面形成镜面反射效果，从而获得高光泽。在书籍设计中，护封、封面、插页以及年历、月历、广告、宣传样本等，经过上光、压光能够使印刷品增加光泽、色彩鲜艳。

3. 烫金

将电化铝箔烫印在纸类上，称之为烫金（图7-12），烫金是一种工艺的统称，并不是指烫上去的就一定是金色。烫金纸材料分很多种，其中有金色、银色、激光金、激光银、黑色、红色、绿色等多种多样。烫金工艺用在印刷品上，会有光亮夺目的效果（图7-13）。

图7-13 《快报》（*Expresso*）封面烫金［设计师：德格夫（Daycraft）］

4. "UV"

"UV"印刷是在原印刷品上，再印上透明"UV"或有色"UV"油墨材料，可以使印刷品文字、图片呈现局部的鲜艳或浮雕感（图7-14）。

5. 凹凸

凹凸工艺是将原稿中的文字、图形制成阴（凹）阳（凸）模版，通过机器的压力作用，使印刷品表面的文字、图形具有立体感、浮雕感（图7-15、图7-16）。纸张克重要求在200g以上，凹凸面积不易过大、过小，否则效果会不理想。

图7-14 "UV"工艺

图7-15 《荒漠生物土壤结皮生态与水文学研究》封面压凹（设计师：刘晓翔）

图7-16 《古韵钟声》内页起凸（设计师：刘晓翔）

6. 模切

模切工艺可以把印刷品或者其他纸制品按照事先设计好的图形制作成模切刀版进行裁切，从而使印刷品的形状不再局限于直边直角（图7-17）。

图7-17 《视觉语音》（*Visual Language*）封面模切工艺［设计师：陆佳妮（Jiani Lu）］

思考与练习

1. 简述RGB色彩模式和CMYK色彩模式的区别和用途。
2. 目前有哪四种常用的印刷方法？
3. 印刷后道工艺有哪些种类？

项目八

书籍装订

书籍装订是整个书籍设计的最后一个环节。装订是指书籍从配页到上封成型的整体作业过程，包括把印好的书页按先后顺序整理、连接、缝合、装背、上封面等加工程序。装订方式的选择和设计也是提升整本书阅读质感的关键因素。

本项目主要是针对常见装订方式选择和样书的手工装订两个任务的学习。

任务1　常见装订方式选择

本任务要求学生掌握书籍中式和西式两种大类的装订形式，现代平装书、精装书的各种装订形式等。

一、书籍装订形式分类

装订书籍的形式可分为中式和西式两大类。

1. 中式

中式装订以线装为主要形式，其发展过程大致经历了简策装（周代）、缣帛书装（周代）、卷轴装（汉代）、旋风装（唐代）、经折装（唐代）、蝴蝶装（宋代）、包背装（元代），最后发展至线装（明代）。

2. 西式

西式装订可分为平装和精装两大类。现代书刊除少数仿古书外，绝大多数都是采用西式装订。

二、现代平装书的装订形式

平装书的结构基本是沿用并保留了传统书的主要特征，被认为由传统的包背装演变而来。外观上它与包背装可以说完全一样，只是纸页发展成为两面印刷的单张，装订采用多种形式。包背装演变成平装，一是受西方书籍装订的影响，同时它是书页的单面印刷转变到双面印刷的必然产物。平装是我国书籍出版中最普遍采用的一种装订形式，它的装订方法比较简易，运用软卡纸印制封面，成本比较低廉，适用于一般篇幅少、印数较大的书籍。平装书的订合形式常见的有平订、骑马订、无线胶装、锁线装、活页订等，另外还有塑线烫订、三眼订等其他形式。

1. 平订

平订即将印好的书页经折页、配贴成册后，在订口一边用铁丝订牢，再包上封面的装订方法，用于一般书籍的装订（图8-1）。

 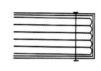 

图8-1 平订结构图

优点：方法简单，双数和单数的书页都可以订。

缺点：书页翻开时不能摊平，阅读不方便；订眼要占用5mm左右的有效版面空间，降低了版面率；平装不宜用于厚本书籍，而且铁丝时间长了容易生锈折断，影响美观，造成书页脱落。

2. 骑马订

骑马订是将印好的书页连同封面，在折页的中间用铁丝订牢的方法，适用于页数不多的杂志和小册子，是书籍订合中最简单方便的一种形式（图8-2）。

 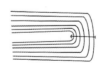 

图8-2 骑马订结构图

优点：简便，加工速度快，订合处不占用有效版面空间，书页翻开时能摊平。

缺点：书籍牢固度较低，不能订合页数较多的书，且书页必须是4的倍数才行。

3. 无线胶装

无线胶装是指不用纤维线或铁丝订合书页，而用胶水料黏合书页的订合形式。方法是将经折页、配贴成册的书芯用不同手段加工，将书籍折缝割开或打毛，施胶将书页粘牢，再包上封面。
无线胶装与传统的包背装非常相似（图8-3）。

图8-3　无线胶装结构图

优点：方法简单，书页也能摊平，外观坚挺，翻阅方便，成本较低。

缺点：牢固度稍差，时间长了乳胶会老化，致书页散落。

4. 锁线装

锁线装即将折页、配贴成册后的书芯按前后顺序用线紧密地串起来，然后再包以封面（图8-4）。

图8-4　锁线装结构图

优点：既牢固又易摊平，适用于较厚的书籍或精装书。与平订相比，书的外形无订迹，且书页无论多少都能在翻开时摊平，是理想的装订形式。

缺点：成本偏高，且有图文的页数也须是8或16的倍数才能按贴订线。

5. 活页订

活页订是在书的订口处打孔，再用弹簧金属圈或螺纹圈等穿锁扣的一种订合形式。活页订的书籍单页之间不相粘连，适用于需要经常抽出来、补充进去或更换使用的出版物，常用于产品样本、目录、相册等（图8-5）。

优点：可随时打开书籍锁扣，调换书页，阅读内容可随时变换，新颖美观。

常见形式：穿孔结带活页装、螺旋活页装、梳齿活页装等。

三、现代精装书的装订形式

精装是书籍出版中比较考究的一种装订形式。精装书比平装书用料更讲究，装订更结实。精装特别适合于质量要求较高、页

图8-5　*FamuFest Weightlesstness*活页装订［设计师：卢卡基琼卡（Luká Kijonka）迈克尔·克鲁尔（Michal Krul）］

数较多、需要反复阅读，且具有长时期保存价值的书籍，主要应用于经典、专著、工具书、画册等。精装结构与平装书的主要区别是精装书有硬质的封面或外层加护封，有的甚至还要加函套。

1. 精装书的封面

精装书的书籍封面，可运用不同的材料和印刷制作方法，达到不同的格调和效果。精装书的封面材料很多，除纸张外，有各种纺织物，如丝织品，还有人造革、皮革和木料等。

（1）硬封面

硬封面是把纸张、织物等材料裱糊在硬纸板上制成，适宜于放在桌上阅读的大型和中型开本的书籍。

（2）软封面

软封面是用有韧性的牛皮纸、白板纸或薄纸板代替硬纸板制作的封面。轻柔的软封面使人有舒适感，适宜于便于携带的中型本和袖珍本，如字典、工具书和文艺书籍等。

2. 精装书的书脊

（1）圆脊

圆脊是精装书常见的形式，其脊面呈月牙状，以略带一点垂直的弧线为好，一般用牛皮纸或白板纸做书脊的里衬，有柔软、饱满和典雅的感觉，如果薄本书采用圆脊，能增加厚度感（图8-6）。

（2）平脊

平脊是用硬纸板做书籍的里衬，封面也大多为硬封面，整个书籍的形状平整、朴实、挺拔、有现代感，但厚本书（书脊厚度约超过25mm）在使用一段时间后书口部分有可能隆起，影响美观（图8-7）。

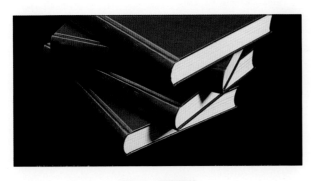

图8-6 圆脊精装

图8-7 平脊精装

任务2　样书的手工装订

　　由于成本的控制，印刷品通常是需要足够的量才能批量制作。单本样书的制作只能通过数码打印公司来完成打印和装订。除了骑马订、无线胶装、活页装等可以在数码打印公司用机器完成的装订方式，如果希望制作一本中式线装或者西式锁线装的样书，最节省成本的方式就是自己手工装订。

　　本任务介绍了中式线装和西式线装两种手工装订的制作方法，要求学生掌握具体步骤并熟练操作。

一、中式线装样书手工装订

1. 准备材料

　　需要准备的材料有打印好的书籍封面和内页、孔洞略大的直针、蜡线、剪刀、锥子、夹子、尺子、铅笔等。

2. 打孔

　　①将裁切好的书籍封面和内页按实际顺序叠放。

　　②用夹子将书籍的上下切口夹住，固定位置以防止移动后打孔错位。

　　③用铅笔和直尺在书籍封面订口附近即将打孔的位置上做记号。孔洞需要在距离书籍订口至少1cm的位置，孔洞的数量和孔洞之间的间距可以根据设计的需要来确定，但所有孔洞记号必须用直尺控制，保持在一条水平线上（图8-8）。

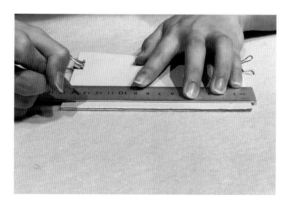

图8-8　确定孔位

　　④用铅笔和直尺在书籍的封底上订口附近同样的位置做记号。

⑤用锥子在书籍封面和封底的记号上打孔。尽量让锥子垂直于书面，在记号上反复钻压，直至书籍上的孔洞上下全部打通（图8-9）。

图8-9 用锥子打孔

3. 穿针

①确定所需蜡线的长度。中式线装书装订所需的蜡线长度一般为书籍订口边长度的4倍（图8-10）。

②将蜡线一端穿入针孔后拉出至5~6cm的长度回折，缝线时注意用手指捏紧针孔的位置，防止蜡线短的一端从针孔脱落（图8-11）。

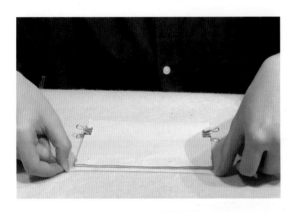

图8-10 确定蜡线长度

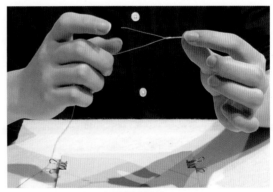

图8-11 穿针

4. 缝线

①起针的位置也决定了收针打结的位置，应尽量把结打在封底靠下不起眼的孔洞位置，这样不会影响美观。从封底靠近下切口的第二个孔起针，从封底往封面的方向入孔，从封面相应的孔洞中拉出针线，不要全部拉出，要在封底上预留5~6cm的线段（图8-12）。

图8-12　起针

②将针从封面的第二个孔洞拉向订口位置，并垂直绕过订口，然后把针穿向封底刚刚穿过一次的那个孔洞，从封底往封面方向穿，在封面和封底上就各形成了一条垂直于订口的线（图8-13）。

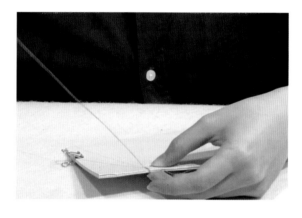

图8-13　缝"垂直线"

③针线又重新回到了封面上，保持和订口水平的方向，往第三个洞穿线，从封面往封底方向穿，在封面上就形成了一条水平于订口的线（图8-14）。

图8-14　缝"水平线"

④针线到了封底后，把针从封底的第三个孔洞拉向订口位置，并垂直绕过订口，然后把针穿向封面刚刚穿过一次的那个孔洞，从封面往封底方向穿，在封面和封底上又各形成了一条垂直线（图8-15）。

图8-15　第二条"垂直线"

⑤针线到了封底上，保持和订口水平的方向，往第四个洞穿线，从封底往封面方向穿，在封底上形成了一条水平线（图8-16）。

图8-16　封底的"水平线"

⑥以此类推，用同样的方法，缝一条垂直线交替缝一条水平线，把剩下的孔洞穿完。

⑦当针线从最后一个孔洞穿出来以后，要将针线拉向书籍上切口的位置，形成一条水平线后，垂直绕过上切口，再从背后的最后一个孔洞把针穿回来（图8-17）。

⑧现在封面和封底上都有一些还没有缝的线段，可以按照刚才的规律，依次把剩余的线段全部缝完。

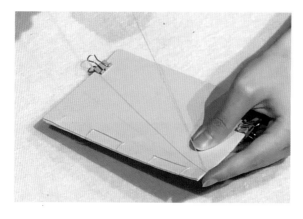

图8-17 从下切口绕"水平线"

5. 打结

①当针线回到了封底的第一个孔洞的时候，就到了打结的时候。把针从封底第二个孔洞连接的一条垂直线和一条水平线中间分别穿过去，绕一下线（图8-18）。

图8-18 打结前的绕线

②把针取下，将绕线后的剩余线头和最初第一步预留在封底第二个孔洞的5~6cm的线头一起，在封底第二个孔洞的位置打死结（图8-19）。

图8-19 打结

6. 修整线头

打结后，剪去多余的线头。用锥子把打好的结轻轻地塞进封底第二个孔洞中，用书的厚度隐藏线结（图8-20）。到此，一本中式线装样书就装订完成了（图8-21）。

图8-20　用锥子修整线头

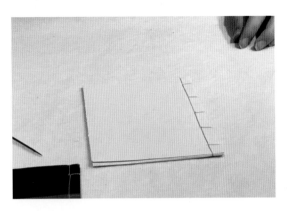

图8-21　中式线装书成品

二、西式线装样书手工装订

1. 准备材料

需要准备的材料有打印好的书籍封面和内页、弯针、蜡线、剪刀、锥子、夹子、尺子、铅笔等。

2. 整理页面顺序

由于西式线装书是在书籍订口上里外穿线，所以书籍的内页不能是一张一张的单页（包含正反2个页码），至少需要有一个回折（包含4个页码），或者4的倍数，8个页码、16个页码等。把整本书的内页按照每4/8/16页作为一帖来输出打印，并分别按照书籍的净尺寸进行折叠，不要裁切，形成内页完整的几个帖。同时封面和封底文件也需要一个回折（包含4个页码）。将封面、内页的几个帖、封底按从上到下的顺序排列好（图8-22）。

图8-22　整理书籍页面顺序

3. 打孔

①用夹子固定好书的上下切口，在书的订口上用铅笔和直尺做打孔标记，务必让书籍的每一帖（包含封面、封底）的订口处都留下铅笔的点状标记（图8-23）。

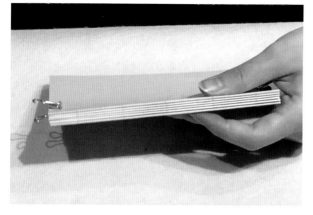

图8-23 做每一帖的孔洞标记

②分别打开书籍的每一帖，用锥子在标记上打孔（图8-24）。
③按页面顺序将每一帖放回原先的位置上。

图8-24 在每一帖的标记上打孔

4. 穿针

①确定所需蜡线的长度。西式线装书装订所需的蜡线长度，要根据整本书总共有多少帖来确定，例如整本书共有6帖，那么蜡线的长度一般为书籍订口边长度的7倍（图8-25）。

图8-25 确定蜡线长度

②蜡线穿过弯针后，也需要预留5~6cm长度的线段，因为西式线装操作的时候，蜡线容易脱落，所以最好把预留的线头跟主线打一个结（图8-26）。

图8-26　穿弯针

5. 缝线

①按照图中样书一共6帖，从封底（即第6帖）、内页的最后一帖（即第5帖）往上依次缝制，封面（即第1帖）最后再缝。首先拿出第6帖和第5帖，将针线从第6帖的内部最下方的孔洞穿到外部（图8-27）。

图8-27　起针

②再拿出第5帖，对齐后，将针从第5帖的外部最下方的孔洞穿到第5帖的内部（图8-28）。

③针从第5帖内部第一个孔出来以后，以水平方向缝向第二个孔，针线从第5帖的外部第二个孔出来（图8-29）。

④从第5帖的外部第二个孔向第6帖外部第二个孔穿线，让两帖之间形成第二次连接（图8-30）。

⑤针线在第6帖内部第二个孔直接水平缝向第三个孔，从内部缝到外部（图8-31）。

图8-28　连接第6帖和第5帖的第一个孔

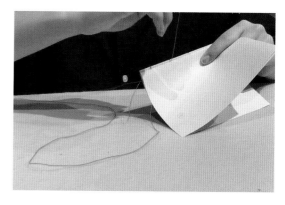

图8-29　从第5帖的内部第二个孔向外部穿线

图8-30　从第5帖的外部第二个孔向第6帖外部第二个孔穿线

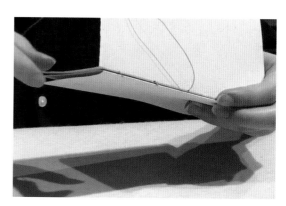

图8-31　从内往外穿线

⑥按此规律，把两帖剩下的上方孔洞缝完，再返回来，从上至下把两帖中空缺的水平线全部缝完，最后针线从第6帖的内部倒数第二个孔出来（图8-32）。

⑦将预留的线头和主线在最后一个孔的位置上打死结（图8-33）。

图8-32　针线回到第6帖内部

图8-33　打结

⑧将针线从第6帖内部最后一个孔穿到外部，拿出第4帖，从第4帖的最后一个孔穿到内部（图8-34）。

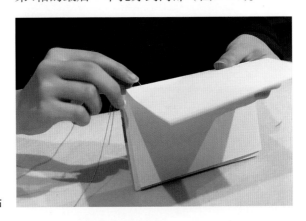

图8-34　从外部连接第4帖

⑨在第4帖内部缝完一个水平线后，针线又来到了外部。此时需要在第4帖和第6帖之间进行一次绕线连接。即针线在第6帖和第5帖的第二个孔之间的连接处，从左往右穿插一次，这是第一次绕线（图8-35）。

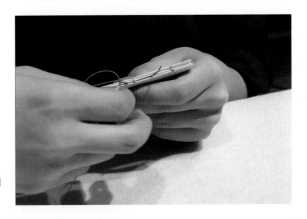

图8-35　第4帖和第6帖第二个洞第一次绕线

⑩将针线在第5帖和第4帖的第二个孔之间的连接处从右往左反向穿插一次，这是第二次绕线（图8-36）。

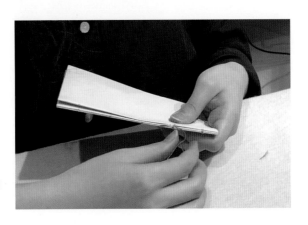

图8-36　第4帖和第6帖第二个洞第二次反向绕线

⑪经过两次绕线后，针线仍位于帖的外部。接下来将针线从第4帖的外部第二个孔再穿回内部，在内部缝一个"平行线"后，再从第3个孔穿到帖的外部，进行下一轮的两次绕线（图8-37）。

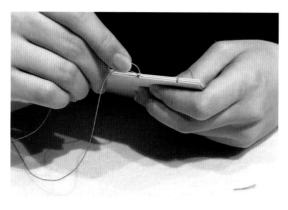

图8-37 从第4帖外部第二个孔缝到内部

⑫以此类推，当第4帖跟前两贴全部连接好以后，再拿出第3帖。第3贴的两次绕线，是在第3帖和第5帖间绕第一次线，再从第5帖和第4帖之间反向绕第二次线。直到把6帖全部缝完（图8-38）。

图8-38 将封面连接在一起

6. 打结

当第6帖（即封面）也全部连接好以后，针线回到第6帖的内部第一个孔，在原地进行单线打结（图8-39），剪掉线头，一本西式线装书的装订就完成了（图8-40）。

图8-39 封面内部全部缝完后原地单线打结

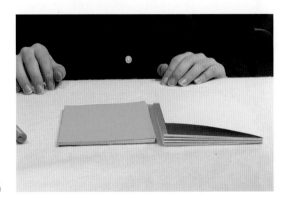

图8-40 西式线装书成品

思考与练习

1. 常用的古代中式装订包含哪些形式?

2. 常用的现代平装书有哪些装订形式?

3. 练习中式线装书和西式线装书的手工装订。

参考文献

［1］毛德宝. 平面设计［M］.杭州：中国美术学院出版社，2008.

［2］毛德宝，王珏. 书籍设计与印刷工艺［M］.南京：东南大学出版社，2008.

［3］安德鲁·哈斯拉姆. 书籍设计［M］.王思楠，译.上海：上海人民美术出版社，2020.

［4］善本出版有限公司. 书艺［M］.李萍，译.北京：北京美术摄影出版社，2012.

［5］别内尔特，关木子. 书籍设计［M］.贺丽，译.沈阳：辽宁科学技术出版社，2012.